# 随机劣化机电系统状态感知与寿命预测

何 芹 刘天宇 刘 杰 著

国家自然科学基金项目：基于性化数据的零失效可靠性验证方法
（项目编号：71271212）
国家自然科学基金青年科学基金项目：考虑动态环境效应的退化型产品
剩余寿命预测方法（项目编号：72001210）
山东省重点研发项目：面向旧楼加装的快装式钢结构电梯研发
（项目编号：2018GSF1004）
山东省自然科学基金面上项目：考虑不确定性高速电梯横纵向振动
全过程智能控制研究（项目编号：ZR2021MEZ10）

科学出版社
北 京

# 内 容 简 介

随着机械系统、机电系统及电化学系统越来越复杂，零部件在复杂载荷作用下的失效状态呈现出非单调性、模糊性、动态性和多态性等多种复杂特性，且各种特性之间存在明显的相关性，导致系统状态感知与寿命预测问题突出，如何充分分析系统多重复杂性并开展系统状态感知与寿命预测是目前面临的核心问题。本书是在国家自然科学基金的资助下，整合多年来在可靠性理论和随机劣化系统分析理论方面的研究成果和工程应用成果完成的。本书详细阐述了随机劣化系统可靠性分析与剩余寿命预测方法的理论基础和优势，深化了针对随机劣化系统基于模糊动态贝叶斯网络进行的可靠性分析技术，拓展了非线性状态空间模型及多应力加速退化模型对劣化系统进行的剩余寿命预测方法。作者所论证的不确定方法和分析，均结合工程应用阐述了基本原理、实现过程，并通过实际案例对提出的方法和分析的有效性进行了验证。

本书可供高等院校、科研机构等从事机械设计理论和方法、机电产品评估研发工作的研究人员及相关领域的工程技术人员参考使用。

**图书在版编目（CIP）数据**

随机劣化机电系统状态感知与寿命预测/何芹，刘天宇，刘杰著. —北京：科学出版社，2023.3

ISBN 978-7-03-070179-4

Ⅰ. ①随…　Ⅱ. ①何…　②刘…　③刘…　Ⅲ. ①劣化-机电系统-寿命-预测技术-研究　Ⅳ. ①TM7

中国版本图书馆 CIP 数据核字（2021）第 215180 号

责任编辑：万瑞达 / 责任校对：马英菊
责任印制：吕春珉 / 封面设计：东方人华平面设计部

科学出版社 出版
北京东黄城根北街 16 号
邮政编码：100717
http://www.sciencep.com

北京中科印刷有限公司 印刷
科学出版社发行　各地新华书店经销
*
2023 年 3 月第 一 版　开本：B5（720×1000）
2023 年10月第三次印刷　印张：7 3/4
字数：250 000

**定价：79.00 元**

（如有印装质量问题，我社负责调换〈中科〉）
销售部电话 010-62136230　编辑部电话 010-62139281

# 前　言

随着中国制造业突飞猛进的发展，机械系统、机电系统及电化学系统等性能不断提高的同时，系统也变得越来越复杂。在复杂工况下，系统运行时性能会逐渐退化，并且在大多数情况下，零部件的失效不再是非此即彼，而是会出现亦此亦彼的状况，呈现出非单调性、模糊性、动态性和多态性等多种复杂特性。系统寿命延长且系统在性能退化过程中呈现的非线性等特征是系统复杂性产生的根本原因。可靠性和剩余寿命作为衡量系统及其零部件质量和性能优劣的重要指标，越来越受到人们的重视。在工程实际中，劣化系统运用传统可靠性分析方法和剩余寿命预测技术进行分析诊断时存在诸多局限。传统可靠性分析方法忽略了可靠性指标随时间递减的动态变化，无法准确地对劣化系统的可靠性能做出评估，从而面临一些新的问题：现代产品性能和工作环境复杂多变，长寿命产品寿命数据难以得到，退化过程中状态变量不易观测，且观测变量与状态变量呈现非线性关系；长寿命产品在一定时间内，通过加速寿命试验难以获得其足够的失效数据；单个加速因子难以准确描述工作环境等因素对产品性能退化的影响等。

本书为解决传统可靠性分析方法与剩余寿命预测技术现存问题，采用理论分析、过程推导、实例验证相结合的方法，针对随机劣化系统基于模糊动态贝叶斯网络进行可靠性分析，就非线性状态空间模型及多应力加速退化模型对劣化系统进行剩余寿命预测，主要内容包括以下四个方面：

1）阐述了随机劣化系统的概念及范畴，并对随机劣化系统具有的模糊性、多态性、动态性及非单调性等特性进行了详细描述；针对传统可靠性分析方法将系统或部件故障状态简单视为二态，无法真实反映实际问题特征的现象，介绍了适用于故障状态多样化的多态系统的蒙特卡洛（Monte Carlo）仿真方法、马尔可夫（Markov）分析方法、多态故障树分析方法及贝叶斯网络（Bayesian network，BN）模型四种可靠性分析方法；阐述了基于产品性能退化数据对高可靠、长寿命产品进行退化建模的三种方法。

2）提出了一种基于模糊动态贝叶斯网络的多态系统可靠性分析方法，着重分析了模糊性、动态性、多态性复杂系统的失效模式。针对其模糊性，通过引入模糊集合理论，利用模糊数来描述各事件的故障状态；针对其多态性和动态性，采用贝叶斯网络来描述系统故障和各零部件故障之间的关系模型，并通过一个提梁机卷扬系统案例对本书提出的方法的有效性进行了验证。

3）针对非线性系统性能退化的剩余寿命预测难题，提出了基于非线性状态空间模型的劣化系统剩余寿命预测方法，阐述了状态空间模型描述系统性能退化的方法。根据一些剩余寿命的预测方法，总结优化后给出了其模型参数估计方法。以铅酸蓄电池为对象，根据其放电电压特性，利用非线性状态空间模型描述其退化规律，进而预测其剩余寿命并验证书中所提方法的有效性。

4）采用加速退化试验技术，即通过提高应力水平加快产品退化速率，搜集产品在高应力水平下的性能退化数据，并利用这些数据估计产品可靠性及预测产品在正常使用条件下的寿命；基于维纳过程（Wiener process）建立了其在温度和放电倍率同时影响下的容量退化模型，利用 Gebraeel 的方法分别基于能量和容量进行剩余寿命预测，提出了劣化系统在单应力及多应力加速影响下的剩余寿命预测方法；以锂离子电池为例，分别对电流应力加速下锂离子电池剩余寿命预测及温度-电流双应力下锂离子电池剩余寿命预测两个案例展开研究，进一步验证了本方法的严谨性和科学性。

本书研究内容是在查询、总结现有相关领域研究成果的基础上得出的，对当前相关领域研究中存在的问题进行了探索与尝试。然而，由于所研究的内容涉及多学科交叉，且当前试验设计与方案不够完善，因此相关理论成果及试验还有待于进一步探索和优化。本书从工程实用角度出发，系统地阐述了在随机劣化系统下机电装备的可靠性分析和剩余寿命预测方法及相关作者最新的研究成果，是主要作者何芹教授近 10 年里在随机劣化系统可靠性分析和剩余寿命预测领域中科研成果的总结，同时也包含何芹教授指导的硕士研究生所做的相关研究工作。

全书共分为 5 章，其中第 1～3 章由山东建筑大学何芹撰写，第 4 章由何芹、大连理工大学刘杰撰写，第 5 章由国防科技大学刘天宇撰写，全书由何芹统稿，刘天宇对内容进行了校核。在撰写过程中国防科技大学潘正强做了详细指导，国防科技大学博士研究生张路路为本书提供了部分素材，山东建筑大学硕士研究生张鹏、李桦、张旭、邱添、石润东为本书做了大量的图形绘制、文字整理工作。此外，感谢山东建筑大学机电工程学院相关领导、同事的支持与鼓励。在撰写本书过程中，作者借鉴了大量国内外参考文献，参考了相关领域学者的研究内容，在此对各位作者、学者表示感谢。

尽管作者慎之又慎，但限于作者能力与水平，书中难免存在不足之处，恳请读者批评指正。

作　者<br>2021 年 4 月

# 目　　录

# 第1章 绪　　论

可靠性和剩余寿命作为衡量系统及其零部件质量和性能优劣的重要指标，越来越受到人们的广泛重视，当前系统对两者的要求也越来越严苛。本章通过对模糊动态贝叶斯网络的多态系统可靠性分析方法、非线性状态空间模型的劣化系统剩余寿命预测方法、多应力加速模型的劣化系统剩余寿命预测方法等相关研究的文献综述，概括论述了随机劣化系统可靠性分析与剩余寿命预测的研究现状与进展。针对由于传统可靠性分析方法和剩余寿命预测技术存在诸多局限而提出了本书的研究内容，阐明了各个章节之间的结构关系。

## 1.1 可靠性分析综述

### 1.1.1 多态系统可靠性分析

20 世纪 70 年代，Murchland[1]、Barlow 和 Wu[2]首次提出了多态系统，且在 80 年代初建立起了多态系统的相关理论。随后，学者们经过深入研究，逐步形成了多态系统的概念，分析了多态系统的性质，并将最小路集等概念引入了多态系统的可靠性分析中。多态系统理论在系统的可靠性分析领域起着重要的作用，在多态系统理论的研究过程中，对多态系统及其零部件的研究经历了从状态数量相同到不同的发展过程，并形成了四种主要的多态系统可靠性分析方法。

1. *蒙特卡洛仿真方法*

Fishman[3]提出了一种运用蒙特卡洛抽样方法模拟具有随机弧容量的有向网络中最大流分布的方法，并将该方法用于表示一个多态系统的多状态组件的随机恶化过程，对多态系统的可靠性进行了分析。Gargiulo 和 Zappale[4]针对在实际中系统状态与其组件状态之间存在的操作依赖关系，运用蒙特卡洛仿真（Monte Carlo simulation，MCS）方法对具有操作依赖性的不同性能水平的多态系统的可靠性进行了分析。Zio 等[5]分析了常用重要度的蒙特卡洛模拟方法，并运用蒙特卡洛方法的灵活性解决了多态系统中并行元件间的负载共享和操作依赖性问题，对不同性能水平的多态系统元件的重要度进行了评估。为提高系统的可用性和性能，Malefaki 等[6]建立了基于预防性维修状态的多状态退化系统的模型，用蒙特卡洛仿真方法对系统在任意给定 $t$ 时刻的瞬时可用性、可靠性和运行成本进行了估计。Fan 和 Sun[7]提出了一种新的时态-演化和状态-转移蒙特卡洛仿真模型（TEST-MC），用于多状态 P2P（peer to peer，对等网络）网络的可靠性分析。Maio 等[8]在考虑影响退化过程的参数和外部因素不确定性的基础上，提出了一种蒙特卡洛模拟方法来评估多状态物理模型状态之间的时间相关转换率，并将该方法成功应用于核电站管道系统的可靠性分析。为了解决具有自调节功能的系统存在的问题，Wang 等[9]对系统的多状态进行了分析，提出了一种退化过程仿真方法，并给出了反向状态转换模型；在上述方法和模型的基础上，建立了系统的多态可靠性蒙特卡洛仿真模型。Zhang 等[10]考虑多态系统可靠性近似过程中部件状态的连续分布问题，提出了一种利用蒙特卡洛仿真方法评估系统可靠性的方法，且该方法对没有足够数据来知道确切的离散状态和相关概率时的情况仍适用。考虑到多阶段任务系统（PMS）阶段依赖性和失效模式依赖性的特征，杨建军等[11]提出了一种基于蒙特卡洛仿真的求解方法及其随机数产生的经验原则，对多阶段任务多态系统的可靠性进行了分析。阮渊鹏和何桢[12]基于共因失效问题及系统的不完全保护，提出了基于蒙特卡洛仿真的多态系统的可靠性评估算法。蒙特卡洛仿真方法虽然为多态系统的可靠性分析提供了可能，但由于该方法只是一种统计方法，若要避免“可信度危机”，就需要进行大量的模拟以获取相对准确的结果，计算较为费时，在一定程度上限制了该方法的推广应用。

2. 马尔可夫分析方法

作为一类特殊的参数和状态空间离散的随机过程，马尔可夫分析方法在多态系统可靠性分析中应用相对广泛，且形成了较为成熟的理论。Hsieh 等[13]通过建立广义连续参数的马尔可夫模型，对多态退化系统的可靠性进行了分析。Dui 等[14]基于组件状态的综合重要度方程，研究了在半马尔可夫过程下构件状态转换对系统性能的影响，对多态系统的综合重要度进行了分析。为描述负载共享的多态系统的状态演化，Wang 等[15]介绍了一种具有冗余依赖的多态马尔可夫可修系统，并利用马尔可夫理论和聚集随机过程理论对该系统的可靠性指标进行了计算分析。Fang 等[16]通过将发动机的输出功率离散为一离散状态、连续时间的马尔可夫随机过程，建立了发动机系统的多态马尔可夫模型，分析了其可靠性。Qian 等[17]基于多态系统理论和马尔可夫模型，以船舶设备为研究对象，建立了该系统的多态可靠性模型，并提出了相关可靠性测量参数的分析方法。Barbu 等[18]利用半马尔可夫分析方法对多态系统的可靠性参数进行了估计。古莹奎等[19]将系统组件的多态性视为离散随机过程，建立了其马尔可夫过程方程，通过求解得到各性能水平下多态系统的可靠性指标。宋月等[20]利用向量马尔可夫过程和拉普拉斯（Laplace）变换，分析了 $n$ 中取相邻 $n-1$ 好的连续多状态可修系统的可靠性。当计算多态系统的平均故障前时间时，需要采用马尔可夫激励过程。Lisnianski 等[21]利用马尔可夫激励模型分析了多变需求下多态系统的可靠性。然而，当系统部件较多或部件状态数量较多时，利用马尔可夫分析方法进行可靠性分析会使计算过程十分烦琐。因此，Xue 和 Yang[22]结合马尔可夫过程和多态单调关联系统的结构函数，对多态系统的广义可靠性参数进行了计算分析，大大提高了计算效率。段建国等[23]通过将马尔可夫分析方法和改进的通用生成函数相结合，提出了一种非串联多态制造系统的建模和分析方法。运用马尔可夫分析方法对系统的可靠性进行分析时，需要要求系统各状态的驻留时间服从指数分布，使其在实际工程的应用受到了很大限制。

3. 故障树分析法

故障树分析法是技术装备及系统可靠性分析和安全性评估的一种重要方法，在传统可靠性分析中起着十分重要的作用。在传统故障树分析方法中，一般视系统及其部件的故障状态只有两种，即失效和正常工作，因此无法对多态系统进行分析。为此，一些学者对传统故障树分析法进行了改进，提出了多态故障树分析方法。Huang[24]将故障树引入多态系统，提出了多态故障树的概念，并介绍了具有多个故障模式系统的故障树构造和评估的简要步骤。在此基础上，Bossche[25]又提出了复杂非关联多态系统的多态故障树分析方法。Li 等[26]为计算系统的综合重要度值，提出了一种基于多状态故障树分析的多态多值决策图的建模方法和五步综合重要度分析方法。刘晨曦等[27]以多态事件描述系统或部件的性能退化过程，以多态表决门描述各事件之间的逻辑关系，提出了一种多态故障树的构造方法，并采用最小路集法建立了定量分析的系统可靠性模型，对其可靠性和概率重要性进行了分析；在此基础上，结合多状态动态故障树分析法，又提出了一种多状态系统可靠性指标的蒙特卡洛仿真方法，并将该方法应用于伺服转台系统的可靠性分析。侯金丽等[28]通过采用带约束变量的布尔算法将状态分析与故障树分析相结合，提出了一种精确的含故障统计相依组件的多态系统故障树分析方法，利用该方法对火箭发动机系统的可靠性进行了分析。针对多态故障树定量分析时出现的计算复杂问题，Pourret 和 Bon[29]在系统的布尔模型构建基础上，提出了一种故障树形式的多态系统可靠性分析方法。对于大型系统而言，在其故障树构建时，可能会存在工作量大、建树时间长、建树结果不同等缺陷，因此，为节约大量时间和人力，一些学者寻求故障树的自动构建方法。陶军和王占林[30]在对故障树构建过程进行规范化描述的基础上，分别以液压系统、混合动力电动汽车系统和燃气轮机控制系统为研究对象，提出了该系统的多态故障树自动建造方法，并提出了改进后的负反馈自动建树算法，大大提高了建树效率。Bhagavatula 等[31]基于构件和特征建模，又提出了一种新的故障树自动构建方法；在此基础上，基于构件库和标记库，提出了一种多态系统故障树自动构建方法。虽然目前已有文献对多状态故障树的构建效率进行了一定的研究，但随着系统及其部件故障状态数量越来越多，利用多态故障树分析方法进行多态系统的可靠性分析会使其计算过程同样变得更加复杂，在一定程度上限制了故障树分析方法在多态系统可靠性中的应用。

4. 贝叶斯网络模型

贝叶斯网络模型为故障树的转化模型，由于其能够描述系统多态性、依赖性、非单调性等多种特征，近年来在系统的可靠性分析和安全评估等领域得到了广泛应用。针对传统可靠性分析理论在多状态系统中的局限性，Zhai 和 Lin[32]提出了一种基于贝叶斯网络的多状态系统可靠性建模与评估方法，该方法具有不确定性推理和描述多状态事件的优点。Bobbio 等[33]通过研究故障树到贝叶斯网络的映射关系，提出了一种改进的可靠系统分析方法。Zhou 等[34]在可靠性框图、部件分布和逻辑算子的基础上，构造了一种基于贝叶斯网络模型的多态系统可靠性分析方法，运用该可靠性分析方法能够建立通用多态系统的基本模型，贝叶斯网络中的推理技术可以用来获得顶事件或任何子系统的概率等典型可靠性指标。尹晓伟等[35]利用贝叶斯网络的不确定性推理和图形化表达的优势，提出了一种基于贝叶斯网络的多状态系统可靠性建模与评估的新方法。考虑到共因失效对多态系统可靠性的影响，Mi 等[36]利用不确定性推理和贝叶斯网络的形象化表达优势，提出了一种基于贝叶斯网络模型的、考虑共因失效的多状态系统的可靠性建模与分析方法。在此基础上，Li 等[37]又提出了一种贝叶斯多级信息聚合方法，利用整个系统中所有可用的可靠性信息对多级递阶系统的可靠性进行建模。Cao 等[38]针对多态故障树存在的不足，提出了一种基于贝叶斯网络的多状态系统概率风险评估方法。霍利民等[39]基于故障树和最小径集法，提出了一种建立贝叶斯网络的方法，并将该方法应用于电力系统的可靠性评估中；在此基础上，基于元件的最小状态割集，又提出了一种建立多态贝叶斯网络模型的新方法，以实现配电系统的可靠性分析。张超等[40]通过将故障树转化为贝叶斯网络，提出了一种基于桶排除法和链规则的贝叶斯网络新算法。周忠宝等[41]基于多态故障树和多态逻辑算子，提出了一种基于贝叶斯网络的多态系统故障树分析方法；同时，针对在定量分析由多态部件组成的二态系统的可靠性时存在的不足，提出了一种基于贝叶斯网络模型的多态系统可靠性分析方法。

随着国内外学者对系统可靠性研究的不断深入，现已逐渐形成了以多态系统理论为中心的系统模糊可靠性、动态可靠性等的研究趋势。目前系统的大规模、智能化发展，使得传统故障树分析方法已无法对具有模糊状态的多态系统进行分析，为此，Ren 和 Kong[42]运用模糊数学理论，提出了一种以模糊专家系统为基础的模糊多态故障树分析方法。Nadjafi 等[43]在多态故障树的基础上，提出了一种基于故障树分析法和模糊故障率的多态系统的可靠性分析方法。Zhang 等[44]以多状态逻辑树和模糊数学理论为基础，运用多态故障树分析方法对某综合传动系统的可靠性分析模型进行了构建，并利用模糊割集技术得到了故障树的可靠性参数。Verma 等[45]通过将广义梯形模糊数和最小割集法相结合，提出了一种用于多态系统可靠性评估的模糊故障树分析方法，该方法能够以更灵活、更智能的方式分析模糊多态系统的可靠性。Du 和 Li[46]基于模糊数学理论，通过用正态型模糊数描述底部事件发生概率，提出了顶事件模糊集的计算方法和基于模糊概率重要性的故障定位与筛选方法。Wang 等[47]基于逼近理想解的排序方法（technique for order preference by similarity to an ideal solution，TOPSIS）和三角模糊数，提出了一种新的故障树分析方法。孙利娜等[48]通过建立由一系列具有 IF-THEN 规则的 T-S 逻辑门构成的 T-S 模糊故障树，解决了系统可靠性分析中普遍存在的故障多态、故障率难以精确获得等问题。姚成玉等[49]基于模糊集合理论，将传统重要度分析方法应用到多态系统 T-S 模糊故障树中，提出了 T-S 模糊重要度的计算方法。考虑到贝叶斯网络模型在系统可靠性分析中的优势，将贝叶斯网络与模糊数学理论相结合的方法越来越被人们所重视。张路路等[50]为解决现有隶属函数在描述系统及部件故障状态中存在的问题，通过引入模糊支撑半径变量 $z$，提出了一种贝叶斯网络多态系统失效概率计算方法，解决了在选择多态系统故障状态隶属函数过程中存在的主观性问题。Zhang 等[51]通过将区间三角形模型子集引入贝叶斯网络模型中，即视部件失效概率模糊子集的隶属函数为三角形隶属函数，提出了一种基于区间三角模糊贝叶斯网络的多态系统可靠性分析方法。曹颖赛等[52]通过将灰色系统理论和模糊集合理论相结合，提出了一种用于多态系统可靠性分析的广义灰色贝叶斯网络模型。为解决 T-S 模糊故障树分析方法在可靠性分析过程中存在的运算复杂和只能单向推理等问题，陈东宁等[53]提出了一种 T-S 模糊故障树和贝叶斯网络相结合的多态系统可靠性分析方法。

由上述分析可知，对系统的静态可靠性建模及分析方法已取得了大量研究成果，但静态建模方法无法反映出系统或部件性能失效与时间的关系等动态失效特征，因此系统的动态特性问题开始受到人们的广泛关注。戴志辉等[54]通过将动态故障树分析方法和马尔可夫状态空间相结合，提出了一种基于动态故障树和蒙特卡洛仿真的系统动态可靠性模型的求解方法。王新刚等[55]基于顺序统计理论和随机过程，结合二阶矩法和随机摄动法，对机械零部件的动态可靠度进行了准确分析。王正等[56]基于顺序统计量理论、泊松随机过程，对失效相关的并联、串联及 $k/n$ 系统的动态可靠性进行了评估，研究了其可靠度随时间的变化规律。苏春等[57]考虑到系统的动态运行过程，分别采用蒙特卡洛仿真方法和随机 Petri 网，对其元件的失效率服从不同分布时的系统动态可靠性建模及可靠度指标进行了计算和分析。黄飞腾等[58]在马尔可夫性假设的基础上，通过对多态系统的各种故障状态进行一定程度的离散化处理，采用状态转移法进行了系统的动态可靠性评估。方永锋等[59]以随机载荷下的结构为研究对象，针对其载荷随时间变化且不服从任何分布的情形，对结构性能退化的动态可靠性进行了预测。周志刚和徐芳[60]针对风力发电机齿轮传动系统失效率高的问题，以随机风等作为动态激励，研究了各部件失效相关及强度退化条件下系统的动态可靠度。周忠宝等[61]在传统动态故障树马尔可夫链分析方法的基础上，对逻辑门向动态贝叶斯网络的转化方法及基于动态贝叶斯网络的系统顶事件失效概率、重要度等可靠性指标的计算方法进行了研究。Murphy[62]对动态贝叶斯网络的表示、推理及学习方法进行了系统综述，为动态贝叶斯网络的深入研究提供了一定的理论基础。随后，Salem 等[63]提出了一种基于动态贝叶斯网络的系统可靠性建模分析方法，为考虑时间因素下系统的可靠性分析提供了可能。Cai 等[64]通过将基于贝叶斯网络的根本原因诊断阶段和基于动态贝叶斯网络的可靠性评估阶段相结合，提出了一种新的系统实时可靠性评估方法。为了估计和更新退化系统的可靠性，Luque 和 Straub[65]提出了一种基于动态贝叶斯网络的模型和算法，该模型和算法适用于各种退化过程中的结构。针对如解析法、多级综合法和数值模拟法等基于静态逻辑的可靠性分析方法无法适用于船舰系统的动态可靠性分析问题，Liang 等[66]基于小样本系统和动态多阶段任务等船舰系统的特点，提出了一种基于动态贝叶斯网络和数值模拟的可靠性评估方法。随着研究程度的不断深入，近年来开始有学者将动态性和模糊性相结合来研究系统的可靠性。为解决传统的静态模糊可靠性模型不能直接扩展到机械系统的动态可靠性分析的问题，Gao 和 Yan[67]提出了考虑应力和强度的机械系统模糊动态可靠性模型，并考虑了机械部件在疲劳失效模式下的退化机理，对相依串联、并联机械系统的可靠性进行了分析。方永锋等[68]运用应力-强度干涉理论，建立了多次模糊载荷作用下且结构模糊强度随时间退化的结构动态模糊可靠性预测模型，并通过水平截集法对结构的可靠性进行了计算和评估。

### 1.1.2　劣化系统可靠性分析

劣化系统，即系统状态的变化是由离散事件的触发而引起的一类动态系统。在工作过程中，其性能特征会随着使用时间的延长而逐渐衰退，若性能退化数据服从某种特定分布，就可以利用该数据对系统的可靠性进行分析。Meeker 和 Escobar[69]应用 Paris 模型，以某金属的疲劳裂纹增长数据为研究对象，根据退化数据建立其模型，得到了该金属的寿命分布。冯静等[70]针对性能退化系统，运用线性随机过程模型描述了系统的性能退化轨迹，并在贝叶斯理论的基础上提出了一种模型参数估计的 ML-II方法。张永强[71]对基于贝叶斯方法的指数退化轨道、幂律退化轨道参数的计算模型进行了相应的研究。周月阁等[72]采用蒙特卡洛抽样法得到了系统性能参数的退化数据，并根据退化数据建立了相应的性能参数退化模型，实现了性能退化系统的可靠性评估。Zhao 和 Liu[73]通过分析金属化膜电容器的退化机理，考虑时间$t$内的冲击次数$N(t)$为非齐次 Possion 过程，提出了一种基于退化数据的寿命分布模型，其参数可以通过电容器的退化措施进行估计。Sun 等[74]通过分析金属化脉冲电容器的退化机理和性能特点，并与 Weibull 分布相比较，提出了一种退化失效的 Gaussian-Poisson 联合分布模型。张永强等[75]基于 Poisson-Normal 分布的随机过程方法，建立了对性能退化系统的退化模型，并结合贝叶斯方法叙述了相应的计算方法。Park 和 Padgett[76]基于描述退化随机过程的广义累积损伤方法，结合加速试验变量，提出了基于几何布朗运动或伽马（Gamma）过程的加速寿命试验模型。彭宝华等[77]通过对系统的性能退化数据进行分析，提出了一种基于 Wiener 过程的性能退化产品可靠性评估的贝叶斯方法，并给出了基于贝叶斯方法的参数递推估计。阚琳洁等[78]通过将性能退化和通用生成函数相结合，提出了一种性能退化系统的多态可靠性分析方法。Qin 等[79]针对小样本情况下系统的可靠性分析问题，基于分布退化轨道模型和与蒙特卡洛方法相结合的自举法，提出了一种适合小样本情况的系统可靠性分析方法。

### 1.1.3 贝叶斯网络可靠性分析

从劣化系统可靠性分析的研究现状可以看出，多态性、模糊性和动态性是系统故障信息的三大基本特性，在进行可靠性分析时，忽略其中任一特性都将对分析结果的准确度产生很大的影响。而现有文献在对系统的可靠性进行分析时，大多是针对系统的模糊性、多态性和动态性中的某一种或两种进行研究，鲜有学者在对系统的可靠性进行研究的过程中同时考虑了这三条特性，这就导致了分析结果与真实状态下系统的可靠度相比会有一定程度的偏差，甚至得出错误的结果。贝叶斯网络作为常用的系统可靠性分析方法之一，与其他可靠性分析方法相比，其无论在建模能力、分析计算还是在反向推理能力等方面都有着明显的优势。因此，近年来随着对贝叶斯网络系统可靠性分析方法的深入研究，如何利用它在建模能力和处理模糊信息上的优点，将系统故障的多态性及失效概率随时间变化的动态性考虑其中，建立能够对真实状态下的系统进行全面评估的贝叶斯网络模型，进而更为精确地进行系统的可靠度分析，变得尤为关键。

该方法结合模糊集合理论，将传统故障树分析方法与贝叶斯网络相融合，将线性函数引入根节点模糊子集的构建当中，建立了动态模糊子集，描述了根节点失效概率随时间变化的规律，对故障信息中的模糊性与动态性进行了综合考虑；计算各根节点故障模糊重要度的变化规律，模糊多态条件概率表（condition probability table，CPT）对多态系统中部件间的故障逻辑关系进行了描述。该方法反映了系统中各部件随运行时间增加对系统各故障状态产生的变化，可更大程度地体现信息的完整性，解决部件及系统失效的多态性、模糊动态性及部件间失效的关联性。

## 1.2 剩余寿命预测综述

### 1.2.1 传统剩余寿命预测

1. 基于退化轨道模型的剩余寿命预测

退化轨道模型中存在两类参数，即固定参数和随机参数，其中固定参数用于刻画产品之间的共性，随机参数则用于描述个体差异。利用退化轨道模型进行产品剩余寿命预测的大概思路为：利用目标产品的历史退化数据对随机参数进行更新，得到更新后的退化模型；在此基础上，根据产品退化失效的定义，对目标产品的剩余寿命进行预测。

Gebraeel 等[80]通过采用指数模型对轴承的非线性退化过程进行了描述，提出了一种基于退化轨道模型的轴承剩余寿命预测方法。在此基础上，Gebraeel 等[80]进一步建立了退化轨迹模型，并对两种更新策略在产品剩余寿命预测过程中的差别进行了对比分析。Elwany 等[81]在建立退化轨道模型时将随机参数的先验分布视为二维的正态分布，并基于该退化轨道模型对轴承的剩余寿命进行了预测。除了利用同类产品的退化数据信息及目标产品的退化数据信息外，Gebraeel 等[80]考虑到产品所处环境的动态变化对其性能退化的影响，建立了基于线性模型的产品性能退化轨道模型，进而对其剩余寿命进行了有效预测。

王华伟等[82]通过对航空发动机失效模式及失效规律特点进行分析，提出了一种以竞争失效为基础的航空发动机剩余寿命预测方法，分别针对性能退化失效和突发失效两种失效形式建立了剩余寿命预测模型，将贝叶斯线性模型与状态监测信息相结合，建立了航空发动机的性能退化轨迹模型，实现了该系统在不同失效形式下的剩余寿命预测。杨立峰等[83]基于电子产品的故障模式和故障机理分析，确定了产品敏感性能参数，并对敏感参数退化量进行了监测，建立了电子产品退化轨迹模型；利用最大似然法估计其参数，基于故障机理和伪失效寿命对电子产品进行剩余寿命预测。

2. 基于随机过程模型的剩余寿命预测

与退化轨道模型相比，基于随机过程模型的剩余寿命预测方法受到了越来越多的学者的青睐。考虑到维纳过程（又称布朗运动）具有良好的分析和计算特性，许多学者在维纳过程的基础上开展了对产品剩余寿命预测的研究。郑建飞等[84]利用维纳过程建立了分阶段退化过程模型，由于阶段时间服从逆高斯分布，利用逆高斯分布的卷积特性，推导存在不完全维护下寿命分布的解析解，通过时间尺度变换，得到了考虑未来和不完全维护下剩余寿命预测。王小林等[85]采用维纳过程对金属化膜电容器的性能退化过程进行建模，在先验退化数据的基础上构建了参数的先验分布，将个体性能退化数据与贝叶斯方法相结合，实现了对金属化膜电容器剩余寿命的实时预测。彭宝华等[86]在对性能退化过程为随机维纳过程的产品进行剩余寿命预测时，提出了一种基于贝叶斯估计的产品剩余寿命分布模型，有效地提高了产品剩余寿命分布的预测精度。Wang 等[87]在产品性能退化过程服从线性漂移维纳过程的假定条件下，提出了一种有效的产品剩余寿命预测方法。Si 等[88]在对产品进行剩余寿命预测时，建立了带有随机漂移系数的线性漂移维纳退化过程模型，其中将随机漂移系数视为一服从正态分布的随机变量。与 Wang 等相比，利用该方法对产品剩余寿命的预测考虑了漂移系数的不确定性，预测结果更符合实际。Si 等[88]在此基础上，进一步分析了的维纳过程首达时（first passage time，FPT）的产品特性，进而确定了产品的剩余寿命分布。在每个测量时刻，通过运用 EM 算法对模型参数进行估计，进一步实现了产品的剩余寿命预测。王书锋等[89]针对维纳过程性能退化电子产品剩余寿命预测中存在的先验信息获取困难、预测不能有效反映出个体间差异性等问题，首先建立了基于维纳过程的产品性能退化模型，然后利用自助法得到了产品的先验数据，进而确定其退化模型参数的先验分布，最后将产品性能退化数据和贝叶斯方法相结合，实现了产品的剩余寿命预测。李玥锌等[90]针对锂离子电池容量退化过程具有不确定性而呈现随机性的现象，对电池容量退化服从非线性维纳过程建立了状态空间模型。假定参数服从共轭分布使得模型不确定性增加，从而符合锂离子电池容量退化过程；利用粒子滤波实现参数及退化状态实时估计和更新，根据状态阈值电池的剩余寿命进行预测。张正新等[91]基于维纳过程提出了一种双时间尺度随机退化建模与剩余寿命预测方法，使用随机比例系数对不同时间尺度之间的不确定关系进行了描述，并针对模型中的未知参数提出了一种以历史退化数据为基础的极大似然估计方法，进而实现了对惯性平台关键器件陀螺仪的退化建模与剩余寿命预测。Huang 等[92]提出了一种比传统的随机过程模型更灵活的自适应的斜维纳模型，用于模拟工业设备的降解漂移。通过对先验知识和相关历史信息进行研究，针对模型中的未知参数，该研究提出了一种基于状态估计的在线滤波算法，并利用该算法对未知参数两阶段算法进行了估计，基于闭合歪斜正态分布进行剩余寿命预测。

除维纳过程外，伽马过程也常被用于描述产品的性能退化过程，并进一步预测产品的剩余寿命。

张英波等[93]利用设备运行中得到的大量间接状态参数和少量直接状态参数，建立了基于伽马退化过程的剩余寿命预测模型，并使用粒子滤波算法实现了模型参数估计，解决了缺乏故障数据时难以进行剩余寿命预测的问题。Xu 和 Wang[94]研究了性能退化过程基于伽马过程的产品剩余寿命预测问题。在每个更新时刻，利用贝叶斯方法更新伽马过程的形状参数（先验分布为伽马分布），进一步估计产品的剩余寿命。姜梅[95]利用伽马模型对样品的性能退化过程进行了描述，并使用广义艾林（Eyring）模型描述了样品性能退化量与其所处环境的温度、湿度之间的关系；最后，运用极大似然估计法，对样品在正常工作条件下的模型参数进行了估计，进而实现了对某型号电连接器平均寿命的预测。王卫国和孙磊[96]针对模型求解过程中状态空间模型隐状态难以测量、收集数据不完整、监测值不确定的实际问题，在对装备的性能退化过程进行描述时提出了一种基于伽马过程的状态空间退化模型，通过将经验最大化算法和粒子滤波算法相结合，实现了模型参数的求解。王浩伟等[97]针对进行过加速老化试验的产品，提出了一种利用基于伽马过程参数的非共轭先验分布对产品的剩余寿命进行贝叶斯统计推断的方法，将加速老化数据作为先验信息，利用伽马过程进行老化建模，通过加速因子获得形状参数在工作应力下的折算值，提高剩余寿命预测的可信度。

### 1.2.2 基于状态空间模型的剩余寿命预测

1. 基于马尔可夫模型的剩余寿命预测

在采用马尔可夫模型预测产品的剩余寿命时，通常是将其整个性能退化过程离散成有限个状态空间，记为$\phi=\{0,1,\cdots,N\}$，其中 0 代表初始状态，$N$代表失效状态，用于反映模型健康水平的状态变量在该状态空间$\phi$内的变化。由于马尔可夫模型具有无记忆性，因此产品未来的状态只与当前状态值有关。赵洪山等[98]以风机齿轮箱的轴承为研究对象，提出了一种基于马尔可夫链的状态评估及剩余寿命预测方法，通过构造马尔可夫过程的状态转移矩阵，对风机齿轮箱轴承进行剩余寿命预测。颜景斌等[99]针对电动汽车使用的锂离子电池剩余寿命难以检测的问题，分析影响电池寿命衰退的因素，建立改进初值的隐马尔可夫模型（hidden Markov model，HMM），对锂离子电池寿命衰退进行预测，提高了剩余寿命预测精度。何兆民和王少萍[100]提出了具有时变状态转移概率矩阵的隐半马尔可夫模型，提高了系统在当前健康状态下的剩余持续时间估计精度，最终得到更为准确的总体剩余寿命预测值。张继军等[101]针对机载设备剩余使用寿命预测中存在的不确定性因素，引入状态条件概率矢量对隐马尔可夫模型进行不确定性改进，得到了以状态条件概率矢量为协变量的条件可靠度函数及剩余寿命模型。李洪儒等[102]将灰色马尔可夫模型应用到滚动轴承剩余寿命预测中，从而建立了一种基于广义数学形态颗粒与灰色马尔可夫模型的剩余寿命预测方法。Chen 等[103]提出了一种具有自动关联观测的 HMM，用于处理制造系统的退化建模。模型中当前的观察不仅依赖于相应的隐藏系统状态，还依赖于先前的观察。同时，模型也考虑了随时间累积的数据和噪声，开发了基于自动关联观测的隐马尔可夫模型的两种有效的寿命预测方法。Du 等[104]用一个隐马尔可夫模型模拟润滑油退化的状态过程演化，当润滑油处于服务状态时，由传感器在常规采样周期内的在线状态监测获得与退化状态相关的矢量数据；将一种时间序列分析方法应用于石油数据历史的健康部分，以适应隐马尔可夫模型；利用 EM 算法对拟合的隐马尔可夫模型的未知参数进行了估计，通过条件可靠性函数和平均剩余寿命预测润滑油的剩余寿命。

2. 基于比例风险模型的剩余寿命预测

比例风险模型通过线性回归方程将协变量与产品故障概率联系起来，是统计学中一种常用的生存模型，能够容易地对产品寿命分布与协变量之间的关系进行描述。当前，许多国内外学者已将比例风险模型应用于产品的剩余寿命预测之中，并取得了大量的成效。Sun 等[105]基于比例风险模型提出了一种比例协变量模型，以通过加速寿命试验获得的数据及通过现场监测得到的数据为基础，建立了产品的寿命分布模型，并基于现场监测数据实现了模型的实时在线更新；最后针对某一机械系统，通过运用该方法实现了其剩余寿命的预测。满强等[106]运用韦布尔（Weibull）比例风险模型建立了基于产品状态信息的失效率模型，运用残差分析法对该故障率模型的有效性进行了验证，并确定了基于安全性的最优维修决策，且最后应用该方法对某轴承的剩余寿命进行了分析验证。王文等[107]针对三组跌落高度下的焊点疲劳寿命试验，采用比例风险模型分析跌落高度对焊点寿命分布的影响，估计焊点寿命期及寿命失效概率密度，验证了模型的有效性。Tran 等[108]利用比例风险模型估计系统的残存函数，将支持向量机与时间序列技术相结合，用于机械系统剩余寿命预测。张媛等[109]以列车滚动轴承为研究对象，在比例风险模型的基础上提出了一种剩余寿命预测方法，实现了对列车滚动轴承剩余寿命的精确预测；同时，融合状态监测与可靠性数据，给出了滚动轴承寿命预测算法。刘震宇等[110]针对温度对导弹存储过程中的影响，提出了一种非恒定温度剖面下的储存可靠性评估方法，利用比例风险模型描述温度变化对产品可靠性的影响，推导导弹性能退化型部件在非恒定温度剖面下的无条件寿命分布，并给出模型参数的极大似然估计。王文等[111]采用比例风险模型分析加速度的功率谱密度对焊点寿命的影响，并估计所得寿命期望，结合 Miner 准则得到板极无铅焊点随机振动寿命损伤累积模型。

3. 其他剩余寿命预测方法

孙磊等[112]通过随机滤波模型，利用监测到的间接状态信息，采用主观数据和客观数据相结合的贝叶斯方法对小样本模型进行参数估计，并利用该模型进行了齿轮箱的剩余寿命预测，该方法为复杂设备系统的剩余寿命预测提供了新的研究思路。Feng 等[113]提出了一种基于状态空间模型的隐退化情形下的产品剩余寿命预测方法，将性能退化过程建模为不可观测的非线性漂移布朗运动，应用扩展卡尔曼滤波器和期望最大算法对模型参数进行估计和更新。孙磊等[114]针对非线性系统的剩余寿命预测问题，建立含有时变参数的非线性状态空间模型，提出一种基于粒子滤波的剩余寿命预测方法，并以齿轮箱为例证明该方法优于传统比例风险模型预测结果。王卫国和孙磊[96]针对状态空间模型隐退化状态数据难测量及不准确的问题，通过将经验最大化算法和粒子滤波算法相结合，对模型的相关参数进行了求解；以某直升机主减速器的行星架为对象，建立了其裂纹与振动信号特征之间的状态空间模型，并进行了剩余寿命预测。阙子俊等[115]针对轴承非线性退化问题，利用双指数函数拟合分析轴承退化数据，构建非线性状态空间模型；利用DempsterShafer 方法对模型参数进行初始化，构建一种基于无迹卡尔曼滤波算法（unscented Kalman filter，UKF）的轴承剩余寿命预测方法。张凝等[116]提出一种基于模型法和数据驱动法的剩余寿命预测方法，运用粒子滤波算法对电池容量的退化过程进行跟踪，有效地预测锂离子电池的剩余寿命。石慧和曾建潮[117]提出了一种考虑退化突变点检测与剩余寿命预测相关联的齿轮疲劳实时剩余寿命预测方法，通过建立齿轮磨损退化过程的状态空间模型，并利用齿轮实时监测振动信息实时更新模型参数，同时采用卡尔曼前向滤波及平滑算法对状态空间模型参数进行修正，进行了实时剩余寿命预测。郑建飞等[118]针对非线性随机性退化系统，建立了一种基于扩散过程的非线性退化模型，并通过状态空间模型和卡尔曼滤波实现了同时考虑不确定测量和个体差异的随机退化系统剩余寿命预测。

### 1.2.3 多应力加速模型的剩余寿命预测

针对工程系统退化过程中往往受到多个应力的同时影响，且多个应力不是简单叠加的情况，本书通过引入艾林模型、多项式加速模型、广义对数线性模型、Cox 模型等典型应力加速模型，明确多应力加速模型对劣化系统剩余寿命预测的意义。以多应力恒定加速下的维纳过程退化建模方法为主对多应力加速下性能退化建模，进行多应力加速下劣化系统剩余寿命预测。本书以锂离子电池为应用对象进行模型和方法的验证，利用维纳过程建立了其在温度和放电倍率同时影响时的容量退化模型，并给出了其寿命分布模型和剩余寿命预测方法。

Tang 等[119]以线性漂移维纳过程为基础，以最小化费用为目标，考虑评估结果的精度约束，研究了两步步进加速的退化试验设计问题。Liao 和 Tseng[120]以产品退化过程为时间尺度变换维纳过程，以试验总费用的约束条件下，优化各应力水平下的试验产品数、退化量测试次数、退化量测试时间间隔，研究步进加速情况下的退化试验设计。考虑到产品在使用过程中会同时受到环境温度、湿度及振动等应力的影响，且在这些应力的综合作用下，产品的剩余寿命会受到影响，因此，李晓阳和姜同敏[121]引入多应力加速模型，利用在加速试验中得到的观测值对产品在正常使用状态下的寿命指标进行了预测。潘正强等[122]针对产品的性能退化受到多个应力的影响的情况，建立了基于维纳过程的多应力加速退化试验优化模型，在试验总费用的约束下，通过最小化产品寿命分布 $p$ 分位点的渐进方差来确定各应力水平下试验的产品数、性能参数的采样间隔及采样次数等。

周玉辉和康锐[123]分析加速寿命方程与退化失效模型的关系，进行了旋转机械加速寿命试验。利用正态随机过程模型描述旋转机械运行中的退化失效，进行旋转机械的寿命预测。查国清等[124]基于温度、湿度、电应力等多种条件下智能电表的失效机理分析，设计了加速寿命试验，进行多应力加速模型研究，评估了多应力、多参数下智能电表的可靠性和寿命。张景元等[125]将运行态智能电表的环境应力与韦布尔分布模型参数进行对应分析，建立了基于对数线性回归模型的新的多应力退化模型，对正常应力水平下寿命分布模型参数进行求解，得到了智能电表的可靠寿命及其剩余寿命预测。魏高乐和陈志军[126]通过加速退化试验数据外推产品伪寿命数据，确定寿命最优分布；利用多应力综合加速模型确定分布参数与应力水平的关系，将所有寿命数据信息进行整体统计分析，分析模型参数极大似然估计，进而对产品进行可靠性评估及可靠寿命估计。Cui 等[127]采用正交试验方法，提取了在浅深放电循环中锂离子电池的关键应力系数，并提出了单应力和多应力加速模型，加速应力包括温度、放电速率、锥度电压和放电深度等。

## 1.3 本书的主要内容

机械系统、机电系统及电化学系统等性能不断提高的同时，其结构会变得越来越复杂。由于大多系统均在复杂载荷历程下服役，因此其性能会逐渐退化，零部件在复杂载荷作用下的失效状态不再是非此即彼，许多情况下会出现亦此亦彼的状况，呈现出非单调性、模糊性、动态性和多状态等多种复杂特性，且各失效模式之间存在明显的相关性。此外，系统性能的提高会使其使用寿命越来越长，使得在系统性能退化过程中往往又会呈现出非线性等特征，这些都是系统分析困难的根本原因。当前系统对其可靠性及剩余寿命的要求非常严苛，如航空系统、电力系统等，某些关键零部件一旦失效，就会造成整个系统的故障，从而有可能带来巨大的经济损失和重大的社会影响。

可靠性是指在特定时间内、特定条件下某类产品无故障地完成其规定功能的能力。经过半个多世纪的发展，可靠性理论在可靠性分析、可靠性评估、可靠性设计及可靠性试验等领域都得到了广泛的发展和应用，可靠性概念也已渗入产品的规划、设计、生产、经销、运行、使用及维修保养的全寿命周期内。剩余寿命是指某类产品在其工作或储存状态下从当前时刻直到其最终达到完全失效状态之间的时间长度，对产品的剩余寿命进行预测能够为制定其维修策略、优化其备件库存量等提供有力合理的科学依据，进而降低产品的失效概率，提高其利用率，有效地节约成本。本书主要研究内容包含以下几个方面：

1）针对多态系统的可靠性分析问题，将故障树与贝叶斯网络相结合，通过引入模糊集合理论，利用模糊数描述各事件的故障状态，并考虑系统和各部件故障的多态性及失效概率的动态性，采用贝叶斯网络描述系统故障与各零部件故障之间的关系模型，并用 CPT 进行量化，从而开展系统可靠性评估。与传统故障树分析方法相比，本书的研究方法解决了部件及系统失效的多态性，以及部件间失效的关联性，在实际工程中具有很好的应用价值。

2）针对基于非线性状态空间模型的劣化系统剩余寿命预测问题，研究了利用状态空间模型描述系统退化规律，提出了基于非线性状态空间模型的劣化系统剩余寿命预测方法。在介绍状态空间模型描述系统性能退化的基础上，研究了其模型参数估计方法，并以铅酸蓄电池为对象，深入分析其失效机理，利用放电电压变化规律，快速预测电池容量，进而利用非线性状态空间模型建立容量退化模型，实现其剩余寿命的快速预测。本书的研究贡献在于针对一类特殊的劣化系统，关键性能参数的测量不易获取或需要较长时间获取时，提出通过其功能参数的规律性变化实现关键性能参数的快速准确预测，再建立关键性能参数的退化模型实现剩余寿命预测的技术途径，在实际工程中具有很好的应用价值。

3）针对基于多应力加速模型的劣化系统剩余寿命预测问题，提出了劣化系统在多应力加速影响下的剩余寿命预测方法及在单应力加速下的寿命预测；同时，以锂离子电池为例，利用维纳过程建立了其在温度和放电倍率同时影响时的容量退化模型，并给出了其寿命分布模型和剩余寿命预测方法。本书的研究工作为劣化系统在复杂应力环境中工作时的剩余寿命预测问题提供了较好的解决思路，具有重要的实际应用价值。

## 本 章 小 结

本章以几种常见的劣化系统为研究对象，对其分别开展了基于模糊动态贝叶斯网络的可靠性分析、基于非线性状态空间模型的剩余寿命预测、基于多应力加速模型的剩余寿命预测等关键技术的探讨，从而对可靠性和剩余寿命存在的疑难问题提出了主要解决方法，引出了本书的主要研究内容，并对书中主要内容的组织结构关系进行了描述。

# 参考文献


[1] MURCHLAND J D. Fundamental concepts and relations for reliability analysis of multi-state systems[J]. Reliability & Fault Tree Analysis, 1975:581-618.

[2] BARLOW R E, WU A S. Coherent systems with multi-State components[J]. Mathematics of Operations Research, 1978, 3(4):275-281.

[3] FISHMAN G S. The distribution of maximum flow with applications to multistate reliability systems[J]. Operations Research, 1987, 35(4):607-618.

[4] GARGIULO G, ZAPPALE E. A Monte Carlo simulation approach to the availability assessment of multi-state systems with operational dependencies[J]. Reliability Engineering & System Safety, 2007, 92(7):871-882.

[5] ZIO E, PODOFILLINI L, LEVITIN G. Estimation of the importance measures of multi-state elements by Monte Carlo simulation[J]. Reliability Engineering & System Safety, 2004, 86(3):191-204.

[6] MALEFAKI S, KOUTRAS V P, PLATIS A N. Multi-state deteriorating system dependability with maintenance using Monte Carlo simulation[C]. International Symposium on Stochastic MODELS in Reliability Engineering. IEEE, 2016:61-70.

[7] FAN H, SUN X. A multi-state reliability evaluation model for P2P networks[J]. Reliability Engineering & System Safety, 2010, 95(4):402-411.

[8] MAIO F D, COLLI D, ZIO E, et al. A multi-state physics modeling approach for the reliability assessment of nuclear power plants piping systems[J]. Annals of Nuclear Energy, 2015 (80):151-165.

[9] WANG Y, YU P, QI X, et al. Multi-state reliability modeling and simulation of system with self-adjusting function[C]. International Conference on Reliability, Maintainability and Safety. IEEE, 2015:518-521.

[10] ZHANG C, MOSTASHARI A. Study on the influence of component uncertainty on reliability estimation of multi-state systems with continuous states[J]. Incose International Symposium, 2009, 19(1):457-465.

[11] 杨建军, 刘锋, 黎放. 多阶段任务多态系统可靠性建模与仿真[J]. 火力与指挥控制, 2011, 36(2):89-92.

[12] 阮渊鹏, 何桢. 基于MCS的多状态复杂系统可靠性评估[J]. 系统工程学报, 2013, 28(3):410-418.

[13] HSIEH J, UCCI D R, KRAFT G D. Multistate degradable system modelling and analysis[J]. Electronics Letters, 2002, 25(23):1557-1558.

[14] DUI H, SI S, ZUO M J, et al. Semi-Markov process-based integrated importance measure for multi-state systems[J]. IEEE Transactions on Reliability, 2015, 64(2):754-765.

[15] WANG L, JIA X, ZHANG J. Reliability evaluation for multi-state markov repairable systems with redundant dependencies[J]. Quality Technology & Quantitative Management, 2013, 10(3):277-289.

[16] FANG Y, TAO W, TEE K F. Time-domain multi-state markov model for engine system reliability analysis[J]. Mechanical Engineering Journal, 2016, 3.

[17] QIAN C, SHI Y, WANG X, et al. Reliability analysis method of marine equipment multi-state system based on Markov model[J]. Ship Engineering, 2017.

[18] BARBU V S, KARAGRIGORIOU A, MAKRIDES A. Semi-Markov modelling for multi-state systems[J]. Methodology & Computing in Applied Probability, 2017, 19(4): 1011-1028.

[19] 古莹奎, 承姿辛, 李晶. 性能水平划分下的多状态系统可靠性分析[J]. 中国安全科学学报, 2015, 25(5):68-74.

[20] 宋月, 刘三阳, 冯海林. $n$中取相邻$n$−1好的连续多状态可修系统的可靠性分析[J]. 西安电子科技大学学报(自然科学版), 2005, 32(6):965-967.

[21] LISNIANSKI A. The Markov reward model for a multi-state system reliability assessment with variable demand[J]. Quality Technology & Quantitative Management, 2007, 4(2):265-278.

[22] XUE J, YANG K. Dynamic reliability analysis of coherent multistate systems[J]. Reliability IEEE Transactions on, 1995, 44(4):683-688.

[23] 段建国, 李爱平, 谢楠,等. 可重构制造系统多态可靠性建模与分析[J]. 机械工程学报, 2011, 47(17):104-111.

[24] HUANG X. Fault tree analysis method of a system having components of multiple failure modes[J]. Microelectronics Reliability, 1983, 23(2):325-328.

[25] BOSSCHE A. The top-event's failure frequency for non-coherent multi-state fault trees[J]. Microelectronics Reliability, 1984, 24(4):707-715.

[26] LI S, SI S, XING L, et al. Integrated importance of multi-state fault tree based on multi-state multi-valued decision diagram[J]. Journal of Risk & Reliability, 2014, 228(2):200-208.

[27] 刘晨曦, 陈南, 杨佳宁. 基于多态故障树的伺服刀架可靠性分析[J]. 东南大学学报(自然科学版), 2014, 44(3):538-543.

[28] 侯金丽, 金平, 蔡国飙. 含故障统计相依组件的多态复杂系统故障树分析[J]. 航空动力学报, 2014, 29(2):427-433.

[29] POURRET O, BON J L. Boolean modelling and evaluation of a multistate-component system[J]. International Journal of Reliability Quality & Safety Engineering, 2002, 9(2): 183-192.

[30] 陶军, 王占林. 液压系统多态故障树的自动建造[J]. 机床与液压, 2004(12):207-209.

[31] BHAGAVATULA A, TAO J, DUNNETT S, et al. A new methodology for automatic fault tree construction based on component and mark libraries[J]. Safety & Reliability, 2016, 36(2):62-76.

[32] ZHAI S, LIN S Z. Bayesian networks application in multi-state system reliability analysis[J]. Applied Mechanics & Materials, 2013, 347-350:2590-2595.

[33] BOBBIO A, PORTINALE L, MINICHINO M, et al. Improving the analysis of dependable systems by mapping fault trees into Bayesian networks[J]. Reliability Engineering & System Safety, 2001, 71(3):249-260.

[34] ZHOU Z, JIN G, DONG D, et al. Reliability analysis of multistate systems based on bayesian networks[C]. IEEE International Symposium and Workshop on Engineering of Computer Based Systems. IEEE Computer Society, 2006:344-352.

[35] 尹晓伟, 钱文学, 谢里阳. 基于贝叶斯网络的多状态系统可靠性建模与评估[J]. 机械工程学报, 2009, 45(2):206-212.

[36] MI J, LI Y, HUANG H Z, et al. Reliability analysis of multi-state systems with common cause failure based on Bayesian networks[J]. IEEE, 2012, 15(2):1117-1121.

[37] LI M, LIU J, LI J, et al. Bayesian modeling of multi-state hierarchical systems with multi-level information aggregation[J]. Reliability Engineering & System Safety, 2014, 124(124):158-164.

[38] CAO J, YIN B, LU X. Probabilistic risk assessment of multi-state systems based on Bayesian networks[C]. International Conference on Advanced Communication Technology. IEEE, 2016:773-778.

[39] 霍利民, 朱永利, 范高锋, 等. 一种基于贝叶斯网络的电力系统可靠性评估新方法[J]. 电力系统自动化, 2003, 27(5):36-40.

[40] 张超, 马存宝, 胡云兰, 等. 基于贝叶斯网络的故障树定量分析法研究[J]. 弹箭与制导学报, 2005, 25(S3):235-237.

[41] 周忠宝, 马超群, 周经伦, 等. 基于贝叶斯网络的多态故障树分析方法[J]. 数学的实践与认识, 2008, 38(19):89-95.

[42] REN Y, KONG L. Fuzzy multi-state fault tree analysis based on fuzzy expert system[C]. International Conference on Reliability, Maintainability and Safety. IEEE, 2011:920-925.

[43] NADJAFI M, FARSI M A, JABBARI H. Reliability analysis of multi-state emergency detection system using simulation approach based on fuzzy failure rate[J]. International Journal of System Assurance Engineering & Management, 2017, 8(3):1-10.

[44] ZHANG J, PENG W S, ZHANG J, et al. Reliability analysis of integrated transmission based on fuzzy multi-state fault tree[C]. International Conference on Computer, Mechatronics, Control and Electronic Engineering, 2015.

[45] VERMA M, KUMAR A, SINGH Y. Power system reliability evaluation using fault tree approach based on generalized fuzzy number[J]. Journal of Fuzzy Set Valued Analysis, 2012:1-13.

[46] DU L L, LI Q. Fuzzy fault tree analysis of conventional propellant temperature control system[C]. System of

Systems Engineering Conference. IEEE, 2016:1-5.

[47] WANG H, LU X, DU Y, et al. Fault tree analysis based on TOPSIS and triangular fuzzy number[J]. International Journal of System Assurance Engineering & Management, 2017, 8(4):2064-2070.

[48] 孙利娜，黄宁，仵伟强,等. 基于 T-S 模糊故障树的多态系统性能可靠性[J]. 机械工程学报，2016, 52(10):191-198.

[49] 姚成玉，张荧驿，王旭峰,等. T-S 模糊故障树重要度分析方法[J]. 中国机械工程, 2011(11):1261-1268.

[50] 张路路，张瑞军，王晓伟,等. 模糊支撑半径变量贝叶斯网络多态系统故障概率分析[J]. 工程设计学报，2014(5):405-411.

[51] ZHANG R, ZHANG L, WANG N, et al. Reliability evaluation of a multi-state system based on interval-valued triangular fuzzy Bayesian networks[J]. International Journal of System Assurance Engineering & Management, 2016, 7(1):16-24.

[52] 曹颖赛，刘思峰，方志耕,等. 多态系统可靠性分析广义灰色贝叶斯网络模型[J]. 系统工程与电子技术，2018(1):231-237.

[53] 陈东宁，姚成玉，党振. 基于 T-S 模糊故障树和贝叶斯网络的多态液压系统可靠性分析[J]. 中国机械工程, 2013, 24(7):899-905.

[54] 戴志辉，王增平，焦彦军. 基于动态故障树与蒙特卡罗仿真的保护系统动态可靠性评估[J]. 中国电机工程学报, 2011, 31(19):105-113.

[55] 王新刚，张义民，王宝艳. 机械零部件的动态可靠性分析[J]. 兵工学报, 2009, 30(11):1510-1514.

[56] 王正，谢里阳，李兵. 考虑失效相关的系统动态可靠性模型[J]. 兵工学报, 2008, 29(8):985-989.

[57] 苏春，王圣金，许映秋. 基于蒙特卡洛仿真的液压系统动态可靠性[J]. 东南大学学报(自然科学版)，2006, 36(3):370-373.

[58] 黄飞腾，郁军，肖航. 基于 Markov 状态转移的动态可靠性分析[J]. 海军工程大学学报, 2002, 14(6):80-83.

[59] 方永锋，陈建军，马洪波. 多种随机载荷下的结构动态可靠性计算[J]. 振动与冲击, 2013, 32(1):118-121.

[60] 周志刚，徐芳. 考虑强度退化和失效相关性的风电齿轮传动系统动态可靠性分析[J]. 机械工程学报，2016, 52(11):80-87.

[61] 周忠宝，马超群，周经伦,等. 基于动态贝叶斯网络的动态故障树分析[J]. 系统工程理论与实践，2008, 28(2):35-42.

[62] MURPHY K P. Dynamic bayesian networks: representation, inference and learning[M]. Berkeley: University of California, 2002.

[63] SALEM A B, MULLER A, WEBER P. Dynamic Bayesian networks in system reliability analysis[J]. Fault Detection Supervision & Safety of Technical Processes, 2007, 39(13):444-449.

[64] CAI B, LIU Y, MA Y, et al. Real-time reliability evaluation methodology based on dynamic Bayesian networks: A case study of a subsea pipe ram BOP system[J]. Isa Transactions, 2015 (58):595-604.

[65] LUQUE J, STRAUB D. Reliability analysis and updating of deteriorating systems with dynamic Bayesian networks[J]. Structural Safety, 2016(62): 34-46.

[66] LIANG X F, WANG H D, YI H, et al. Warship reliability evaluation based on dynamic bayesian networks and numerical simulation[J]. Ocean Engineering, 2017(136): 129-140.

[67] GAO P, YAN S. Fuzzy dynamic reliability model of dependent series mechanical systems[J]. Advances in Mechanical Engineering, 2013(2013):323-335.

[68] 方永锋，陈建军，曹鸿钧. 多次模糊载荷下结构动态模糊可靠性分析[J]. 机械工程学报, 2014, 50(6):192-196.

[69] MEEKER W Q, ESCOBAR L A. Statistical methods for reliability data[M]. New York: Wiley, 1998.

[70] 冯静，董超，刘琦,等. 基于系统性能退化数据的可靠性增长研究[J]. 管理工程学报, 2005, 19(1):90-94.

[71] 张永强，刘琦，周经伦. 基于 Bayes 性能退化模型的可靠性评定[J]. 电子产品可靠性与环境试验，2006, 24(4):46-49.

[72] 周月阁，叶雪荣，翟国富. 基于性能退化和 Monte-Carlo 仿真的系统性能可靠性评估[J]. 仪器仪表学报，2014, 35(5):1185-1191.

[73] ZHAO J, LIU F. Reliability assessment of the metallized film capacitors from degradation data[J]. Microelectronics Reliability, 2007, 47(2):434-436.

[74] SUN Q, ZHOU J, ZHONG Z, et al. Gauss-Poisson joint distribution model for degradation failure[J]. Plasma Science IEEE Transactions on, 2004, 32(5):1864-1868.

[75] 张永强, 冯静, 刘琦,等. 基于Poisson-Normal过程性能退化模型的可靠性分析[J]. 系统工程与电子技术, 2006, 28(11):1775-1778.

[76] PARK C, PADGETT W J. Accelerated degradation models for failure based on geometric Brownian motion and gamma processes[J]. Lifetime Data Analysis, 2005, 11(4):511-527.

[77] 彭宝华, 周经伦, 潘正强. Wiener过程性能退化产品可靠性评估的Bayes方法[J]. 系统工程理论与实践, 2010, 30(3):543-549.

[78] 阚琳洁, 张建国, 王丕东,等. 基于性能退化和通用发生函数的在轨空间机构系统多状态可靠性分析[J]. 机械工程学报, 2017, 53(11):20-28.

[79] QIN L, SHEN X, CHEN X, et al. Reliability assessment of bearings based on performance degradation values under small samples[J]. Strojniški vestnik-Journal of Mechanical Engineering, 2017, 63(4): 248-254.

[80] GEBRAEEL N Z, LAWLEY M A, RONG L, et al. Residual-Life distributions from component degradation signals: A Bayesian approach[J]. IIE Transactions, 2005, 37(6): 543-557.

[81] GEBRAEEL N, ELWANY A, Real-Time estimation of mean remaining life using sensor-based degradation models[J]. Journal of manufacturing science and engineering, 2009, 131(5): 51-59.

[82] 王华伟, 高军, 吴海桥. 基于竞争失效的航空发动机剩余寿命预测[J]. 机械工程学报, 2014, 50(6): 197-205.

[83] 杨立峰, 吕卫民, 肖阳. 基于故障机理和伪失效寿命的电子产品剩余寿命预测[J]. 海军航空工程学院学报, 2017, 32(2): 246-250.

[84] 郑建飞, 胡昌华, 司小胜, 等. 考虑不完全维护影响的随机退化设备剩余寿命预测[J].电子学报,2017,45(7): 1740-1749.

[85] 王小林, 程志君, 郭波.基于维纳过程金属化膜电容器的剩余寿命预测[J].国防科学技术大学学报, 2011, 33(4): 146-151.

[86] 彭宝华, 周经纶, 孙权, 等. 基于退化与寿命数据融合的产品剩余寿命预测[J]. 系统工程与电子技术, 2011, 33(5): 1073-1078.

[87] WANG W, CARR M, XU W, et al. A model for residual life prediction based on Brownian motion with an adaptive drift[J]. Microelectronics Reliability, 2011, 51(2):285-293.

[88] SI X S, WANG W, HU C H, et al. A Wiener-process-based degradation model with a recursive filter algorithm for remaining useful life estimation[J]. Mechanical Systems & Signal Processing, 2013, 35(1-2):219-237.

[89] 王书锋, 王友仁, 姜媛媛,等. Wiener 过程性能退化电子产品的剩余寿命预测方法[J]. 电子测量技术, 2014, 37(5):17-20.

[90] 李玥锌, 刘淑杰, 高斯博,等. 基于维纳过程的锂离子电池剩余寿命预测[J]. 大连理工大学学报, 2017, 57(2):126-132.

[91] 张正新, 胡昌华, 司小胜,等. 双时间尺度下的设备随机退化建模与剩余寿命预测方法[J]. 自动化学报, 2017, 43(10):1789-1798.

[92] HUANG Z Y, XU Z G, KE X J, et al. Remaining useful life prediction for an adaptive skew-Wiener process model[J]. Mechanical Systems and Signal Processing, 2017, 87(A): 294-306.

[93] 张英波, 贾云献, 冯添乐,等. 基于 Gamma 退化过程的直升机主减速器行星架剩余寿命预测模型[J]. 振动与冲击, 2012, 31(14):47-51.

[94] XU W, WANG W. An adaptive gamma process based model for residual useful life prediction[C]. Conference on Prognostics and System Health Management, Beijing, 2012: 1-4.

[95] 姜梅. 基于Gamma模型和加速退化数据的可靠性分析方法[J]. 海军航空工程学院学报, 2013(4):408-412.

[96] 王卫国, 孙磊. 基于 Gamma 过程和 EM-PF 参数估计的剩余寿命预测方法研究[J]. 军械工程学院学报, 2015, 27(2):1-7.

[97] 王浩伟, 徐廷学, 刘勇. 基于随机参数 Gamma 过程的剩余寿命预测方法[J]. 浙江大学学报(工学版), 2015(4):699-704.
[98] 赵洪山, 张健平, 高夺,等. 风机齿轮箱轴承状态评估与剩余寿命预测[J]. 中国电力, 2017, 50(4):141-145.
[99] 颜景斌, 王飞, 夏赛. 改进初值∏隐马尔科夫模型预测电池健康度[J]. 哈尔滨理工大学学报, 2017, 22(6):33-38.
[100] 何兆民, 王少萍. 基于时变状态转移隐半马尔可夫模型的寿命预测[J]. 湖南大学学报(自然科学版), 2014, 41(8):47-53.
[101] 张继军, 邓力, 马登武,等. 基于状态条件概率的设备剩余寿命预测[J]. 北京航空航天大学学报, 2014, 40(5):602-607.
[102] 李洪儒, 王余奎, 王冰,等. 面向广义数学形态颗粒特征的灰色马尔可夫剩余寿命预测方法[J]. 振动工程学报, 2015, 28(2):316-323.
[103] CHEN Z, LI Y P, XIA T B, et al. Hidden Markov model with auto-correlated observations for remaining useful life prediction and optimal maintenance policy[J]. Reliability Engineering & System Safety, 2019,184: 123-136.
[104] DU Y, WU T H, MAKIS V. Parameter estimation and remaining useful life prediction of lubricating oil with HMM[J]. Wear, 2017, 376: 1227-1233.
[105] SUN Y, MA L, MATHEW J. Mechanical systems hazard estimation using condition monitoring[J]. Mechanical Systems and Signal Processing, 2006, 20(5): 1189-1201.
[106] 满强, 陈丽, 夏良华,等. 基于比例风险模型的状态维修决策研究[J]. 装备学院学报, 2008, 19(6):36-39.
[107] 王文, 孟光, 刘芳,等. 基于比例风险模型的板级无铅焊点跌落寿命分析[J]. 振动与冲击, 2011, 30(3):124-128.
[108] TRAN V T, HONG T P, YANG B S, et al. Machine performance degradation assessment and remaining useful life prediction using proportional hazard model and support vector machine[J]. Mechanical Systems & Signal Processing, 2012, 32(4):320-330.
[109] 张媛, 秦勇, 杜艳平,等. 基于比例风险模型的列车滚动轴承剩余寿命预测[J]. 济南大学学报(自然科学版), 2016, 30(5):347-352.
[110] 刘震宇, 马小兵, 赵宇. 非恒定温度场合弹上性能退化型部件贮存可靠性评估[J]. 航空学报, 2012, 33(9):1671-1678.
[111] 王文, 刘芳, 尤明懿,等. 板级球栅阵列无铅焊点随机振动寿命分析[J]. 上海交通大学学报, 2011, 45(9):1362-1367.
[112] 孙磊, 汤心刚, 张星辉,等. 基于随机滤波模型的齿轮箱剩余寿命预测研究[J]. 机械传动, 2011, 35(10):56-60.
[113] FENG L, WANG H, SI X, et al. A state-space-based prognostic model for hidden and age-dependent nonlinear degradation process[J]. IEEE Transactions on Automation Science & Engineering, 2013, 10(4):1072-1086.
[114] 孙磊, 贾云献, 蔡丽影,等. 粒子滤波参数估计方法在齿轮箱剩余寿命预测中的应用研究[J]. 振动与冲击, 2013, 32(6):6-12.
[115] 阙子俊, 金晓航, 孙毅. 基于 UKF 的轴承剩余寿命预测方法研究[J]. 仪器仪表学报, 2016, 37(9):2036-2043.
[116] 张凝, 徐皑冬, 王锴,等. 基于粒子滤波算法的锂离子电池剩余寿命预测方法研究[J]. 高技术通讯, 2017, 27(8):699-707.
[117] 石慧, 曾建潮. 考虑突变状态检测的齿轮实时剩余寿命预测[J]. 振动与冲击, 2017, 36(21):173-184.
[118] 郑建飞, 胡昌华, 司小胜,等. 考虑不确定测量和个体差异的非线性随机退化系统剩余寿命估计[J]. 自动化学报, 2017, 43(2):259-270.
[119] TANG L C, YANG G Y, XIE M. Planning of step-stress accelerated degradation test[C]. Reliability and Maintainability, 2004 Symposium-Rams. IEEE, 2004:287-292.
[120] LIAO C M, TSENG S T. Optimal design for step-stress accelerated degradation tests[J]. IEEE Transactions on Reliability, 2006, 55(1): 59-66.
[121] 李晓阳, 姜同敏. 加速寿命试验中多应力加速模型综述[J]. 系统工程与电子技术, 2007, 29(5):1-1.
[122] 潘正强, 周经伦, 彭宝华. 基于 Wiener 过程的多应力加速退化试验设计[J]. 系统工程理论与实践, 2009,

29(8):64-71.

[123] 周玉辉, 康锐. 基于退化失效模型的旋转机械寿命预测方法[J]. 核科学与工程, 2009, 29(2):146-151.

[124] 查国清, 黄小凯, 康锐. 基于多应力加速试验方法的智能电表寿命评估[J]. 北京航空航天大学学报, 2015, 41(12):2217-2224.

[125] 张景元, 何玉珠, 崔唯佳. 基于多应力退化模型的智能电表可靠寿命预估[J]. 北京航空航天大学学报, 2017, 43(8):1662-1669.

[126] 魏高乐, 陈志军. 基于多应力综合加速模型的产品可靠性评估方法[J]. 科学技术与工程, 2016, 16(2):24-29.

[127] CUI Y, DU C, YIN G, et al. Multi-stress factor model for cycle lifetime prediction of lithium ion batteries with shallow-depth discharge[J]. Journal of Power Sources, 2015(279): 123-132.

# 第 2 章　随机劣化系统可靠性分析方法

本章阐述了随机劣化系统的概念及范畴，并对随机劣化系统具有的模糊性、多态性、动态性及非单调性等特性进行详细介绍。在可靠性分析中，将系统或部件故障状态视为二态的方法将不再适用于故障状态多样化的大型复杂系统，研究切实有效的复杂多态系统可靠性分析方法能解决传统可靠性分析方法中存在的不足。因此，本章首先对故障状态多样化的多态系统的四种可靠性分析方法（蒙特卡洛仿真方法、马尔可夫分析方法、故障树分析方法及贝叶斯网络模型）进行了详细介绍；然后针对性能特征退化的高可靠、长寿命产品，对其三种主流可靠性建模分析方法进行了概述。

## 2.1　引　　言

近年来，随着现代工业系统（如高档数控机床、工业机器人、轨道交通系统、集成制造系统）和重大技术装备（如航空发动机、航天飞船、核电装备）结构日益复杂化和精密化、功能日益集成化和智能化、运行环境趋于极端化，人们发现此类复杂系统及组成部件在服役阶段往往呈现出状态退化、性能渐变的特征。

在工业生产中存在着这样一种系统，当系统投入运行后，随着使用时间的增加及受所处工作环境的影响，部件性能不断劣化，工作效率和性能将逐渐下降直到系统发生失效。系统的状态不断劣化，部件能够正常工作的时间也越来越短，从而导致生产成本的增加和服务水平的下降，对经济造成了巨大的损失，甚至会由此引发一些灾难性的后果。2006 年的统计结果表明，美国一年工业设备维修费用就达 800 亿～1200 亿美元，而我国每年用于设备维修的费用近 300 亿元人民币，现代企业中故障维修和停机损失费用已占其生产成本的 30%～40%。因此，为了减少系统在使用过程中失效的可能性，各种事前维修被广泛采用，劣化系统的检测与维修问题研究的目标就是如何合理安排各种事前维修手段及检测时间，能够使系统正常运行并使产生的费用最小化[1]。

目前讨论有关单部件随机劣化系统的问题时，通常从以下几个方面考虑。

### 1. 系统的状态模式

1）系统分为“好”和“坏”两种状态：这是为了方便处理理论研究中涉及的

一些数学问题，此种情况的缺点是并不能全面反映实际情况。

2）系统的状态被离散化：用连续的整数 0,1,…, $N$ 表示劣化的各个等级，其中 0 表示系统的初始状态（最好的状态），$N$ 表示系统的失效状态，如图 2-1 所示。

3）系统状态连续变化：状态随时间的某个函数而变化，如图 2-2 所示。通常用莱维（Levy）过程、伽马过程描述该变化，这种模式能很好地反映实际系统的情况。

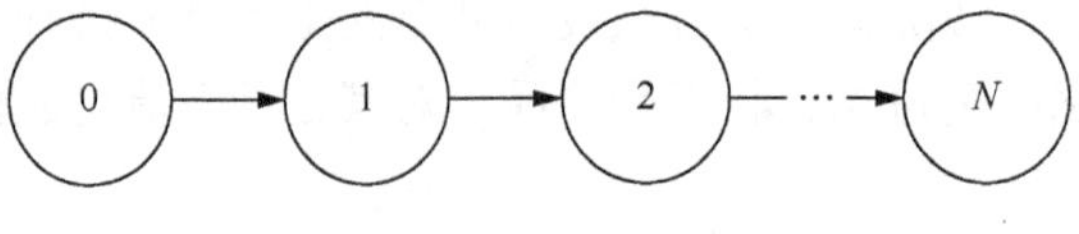


图 2-1 离散的劣化状态

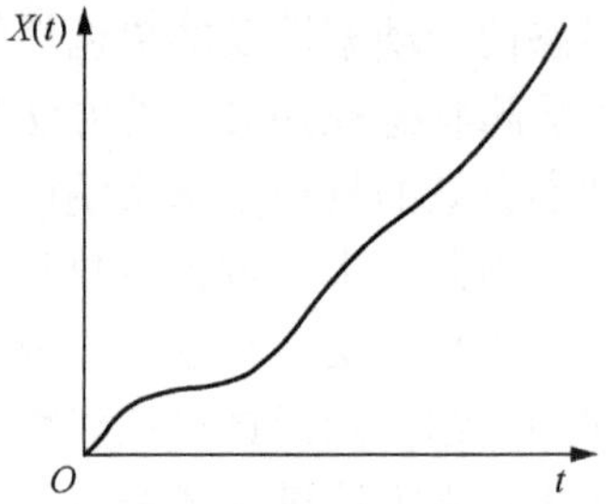


图 2-2 连续的劣化状态

2. 系统的劣化模式

1）普通劣化：系统的劣化过程一般用一个递增的失效率函数表示。

2）冲击劣化：系统的劣化和失效由一个冲击模型控制。当系统的劣化过程主要受到系统内部或外部冲击影响时，就会采取这种模式。

3. 系统的劣化过程

系统部件的劣化过程是指随着时间的推移或部件的使用，部件性能参数发生退化直至其退化失效的过程；或者由于外界应力导致部件突发失效的过程。这一期间，将考虑退化失效、突发失效、检测和预防性维修等对部件性能的影响。一般来说，部件劣化失效是由其内在失效机理和外部环境及工作条件综合作用的结果。部件开始工作后会受到外界多种因素的作用，当这种作用经过一定数量的累积达到某一量级时，就会导致部件损伤的出现，表现为部件性能的变化。

劣化系统是一个典型的离散事件动态系统（discrete event dynamic system, DEDS），DEDS 不同于传统的一些控制系统，它是指系统状态的变化由离散事件的触发而引起的一类动态系统。该类系统的运行过程不能由一般的物理学定律描述，系统的状态受事件驱动的影响而发生跳跃式的变化，在时间和空间上都具有明显的非线性特性。

## 2.2　随机劣化系统的特性分析

随着科学技术的飞速发展，机械系统、机电系统及电化学系统等性能不断提高的同时，其结构也会变得越来越复杂[2-3]。由于大多数系统在复杂载荷历程下服役，因此其性能会逐渐退化，零部件在复杂载荷作用下的失效状态不再是非此即彼，许多情况下会出现亦此亦彼的状况，呈现出非单调性、模糊性、动态性和多状态等多种复杂特性，且各失效模式之间存在明显的相关性[4]。此外，系统性能的提高会使其使用寿命越来越长，使得在系统性能退化过程中往往又会呈现出非线性等的特征，这些都是系统分析困难的根本原因。当前系统对其可靠性及剩余寿命的要求非常严苛，如航空系统、电力系统等，某些关键零部件一旦失效，就会造成整个系统的故障，从而有可能带来巨大的经济损失和重大的社会影响[5]。

### 2.2.1　随机劣化系统的模糊性分析

模糊性即由于事物类属划分的不分明而引起的判断上的不确定性。在美国数学家查德利用模糊数学的基本思想和理论提出模糊理论之前，系统科学的研究对象具有或不具有某种属性是明确肯定毫不含糊的，从而在数学上，元素 $x$ 属于集合 $A$ 或不属于集合 $A$，非此即彼。但日常生活中，新与旧、老与少、高与矮、大与小等大量概念所反映的对象属性没有明确的界限，事物的分类常依场合或人的主观感觉不同而变化。在复杂工程问题中，误差大小、响应快慢、品质高低、决策优劣等也都难以给出精确的判别，通常只能进行定性的区分和处理。

模糊性是工程实际结构中存在的另外一种不确定性。模糊性是指事物本身的概念不清楚，本质上没有确切的定义，在量上没有确定界限的一种客观属性。研究和处理模糊性的数学方法主要是模糊数学。系统模糊性是模糊性种类之一。

### 2.2.2　随机劣化系统的多态性分析

多态性可以简单地理解为系统的多个状态，一般情况下，任何工作系统都会随着时间的推移而发生劣化，或者由于受到严重的破坏而发生故障，因此大部分系统不可能长期保持正常运行。系统的运行状况可用 $L+1$ 种不同的状态来描述，其中 0 表示系统正常，$L$ 表示系统处于故障状态，$1\sim L-1$ 表示系统劣化程度依次加剧的劣化状态。当系统处于轻度劣化状态时，系统仍能工作，但这时系统的运行成本会提高，或系统的安全性会降低等。当系统劣化到一定程度，即对系统进行维修是值得的时候，必须对系统进行维修。在系统运行过程中，系统所处的劣化状态是观察不出来的，这就需要适时地对系统进行检测，以确认其所处的状态，从而制定相应的维修策略。当系统故障时，不必检测就能立即得知[6]。

常规的可靠性理论认为，系统及其组成部件只存在两种状态，即“正常工作”和“完全失效”。随着现代工业系统和重大技术装备朝着结构的复杂化和大型化、功能的集成化不断发展，以及人们对系统失效机理和规律的深入探索，发现系统及其组成部件在退化过程中呈现出状态退化、性能渐变的多状态特征，系统和部件从正常工作到完全失效将经历若干中间状态，并且各个状态的失效规律和机理、工作性能和效率都不尽相同。多状态系统是指系统除了“正常工作”和“完全失效”两种状态之外，还具有多种工作或失效状态，或系统能够在多个不同性能状态水平下运行，并且组成该系统的部件同样也具有多状态特征[7]。

在工程实际中的很多系统都可被视为多状态系统，举例如下：

1）系统有多个任务剖面或工作模式，并且系统在不同任务剖面和工作模式中呈现出不同的失效规律和性能状态。例如，复杂技术系统（如导弹、炮弹和鱼雷）在多个任务剖面或多种工作模式（储存模式、运输模式或工作模式）之间的切换。

2）系统或部件在服役阶段呈现出多种不同的失效模式。例如，齿轮在多种失效因素（如振动、冲击和热载荷）的影响下，具有多种失效状态（如齿轮磨损、疲劳、轮齿折断）。

3）系统包含多个部件，并且组成系统的部件的性能对系统总的性能有累积效果。该类系统的性能水平由部件的性能水平决定，不同的部件性能水平组合可使系统呈现出不同的状态。例如，在由多套风力发电机组和输电线路组成的供电系统中，部分风力发电机的失效不会直接造成系统失效，但会使系统的整体供电能力降低。

4）系统健康状况的衰退属于连续退化过程，但为了降低计算复杂度，将系统健康状况的连续衰退过程划分成若干个离散的状态退化水平。例如，按照主轴轴瓦磨损过程的磨损深度，可以将其划分为“正常工作”“轻度磨损”“中度磨损”“完全损坏”共四个状态。

5）系统的性能水平会随其组成部件的状态退化（老化、磨损等）或运行环境的变化而变化。此类系统中，部件的失效/状态退化将降低系统性能水平/工作效率。例如，在计算机系统中，其计算速度会随着中央处理器的性能变化而变化。

### 2.2.3 随机劣化系统的动态性分析

当系统运行时，输出量与输入量之间的关系称为动态特性，可以用微分方程表示。动态性主要是指系统随时间变化的一种属性，有些书也将其称为“时变性”。系统作为一个运动着的有机体，其稳定状态是相对的，运动状态则是绝对的。系统不仅作为一个功能实体而存在，而且作为一种运动而存在。系统内部的联系就是一种运动，系统与环境的相互作用也是一种运动。系统的功能是时间的函数，因为无论是系统要素的状态和功能，还是环境的状态或联系的状态都是在变化的。例如，把电风扇看作一个系统：一方面，该系统随时与所处的环境存在物质与交换，电风扇的微观结构、组织结构发生变化，如塑料构件的老化、铁质构件的老化都是动态性的表现；另一方面，该系统是有一定功能的，存在一定的输入与输出，电流输入，产生风、热量，在这一过程中，零件之间由于相对运动而产生磨损，与原先的系统相比略有变化，这也是动态性。

许庆阳等[8]针对应答器传输系统作用过程建立了动态特性评估指标，并基于某线路历史检测数据，采用方差分析与统计值分析相结合的方法，分析速度、轨道板类型、地面应答器安装方式等因素对传输系统动态特性指标的影响。张军伟[9]等为了分析油气弹簧连通形式对其系统动态特性的影响，建立了两轴连通式油气弹簧模型，并利用台架试验证实了模型的正确性；建立了四种不同结构形式的四轴连通式油气弹簧模型，对四种连通形式的油气弹簧输出力、蓄能器压力动态特性进行了对比分析。

### 2.2.4　随机劣化系统的非单调性分析

单调性是指相对于输入移动方向，器件输出移动的方向。对于控制系统应用中使用的器件，若使用单调器件，在器件输入值提高时，其输出值也必须提高，从而忽略噪声的影响；同样，在器件输入值下降时，其输出值也必须下降。以数模转换器为例，如果器件被视为单调的，那么在输入代码值提高时，模拟输出也必须提高。单调性的重要特点是输出方向必须与输入方向一致，输入和输出必须同时提高或同时下降。因此，器件要么是单调的，要么是非单调的。

设 $E$ 为由 $n$ 个单元组成的系统的状态空间，$\forall(x)=(x_1,x_2,\cdots,x_n)\in E$，$\forall(y)=(y_1,y_2,\cdots,y_n)\in E$，系统结构函数为中 $\varphi(\cdot)$，如果满足 $\forall(x),(y)\in E$，由 $(x)\succ(y)\Rightarrow\varphi(x)\geqslant\varphi(y)$，则称系统是单调的，否则是非单调的[10]。

在单调关联系统中，其部件与系统的状态变化方向一致；而在非单调关联系统中，由于非单调部件其状态的变化可能和系统状态的变化方向相反，因此必须将重要度分为正重要度和负重要度来区别这种非单调性。

## 2.3　随机劣化系统的多态性能可靠性分析

针对常规的简单系统，在其可靠性分析中，一般假设系统只有“正常工作”和“完全失效”两种状态，即将其视为二态系统。该假设虽然能较为方便地解决实际问题，但对随机劣化系统而言却使问题变得过于简单，无法真实地反映出实际问题的特征。一般地，若系统除了“正常工作”和“完全失效”两种状态之外，还存在着多种失效（或工作）状态，或能够在多种性能下运行，则称该系统为多态系统（multi-state system，MSS）[11]。对于随机劣化的多态系统可靠性分析，常用的方法主要有蒙特卡洛仿真方法、马尔可夫分析方法、多态故障树分析方法和贝叶斯网络模型等。

### 2.3.1　蒙特卡洛仿真方法

蒙特卡洛仿真方法又称为随机抽样法、统计试验法或概率模拟法，且该方法是通过对随机变量进行随机模拟和统计试验来进行数值求解和分析系统的可靠性问题的[12]。

设某一多态系统的失效状态数为 $l$，与其相对应的功能函数分别为 $g_k(x)(k=1,2,\cdots,l)$，则系统在串、并联模式下的失效域可分别表示为

$$F^{(s)}=\begin{cases}\bigcup_{k=1}^{l}F_k=\bigcup_{k=1}^{l}\{x:g_k(x)\leqslant 0\}, & \text{串联}\\ \bigcap_{k=1}^{l}F_k=\bigcap_{k=1}^{l}\{x:g_k(x)\leqslant 0\}, & \text{并联}\end{cases} \tag{2-1}$$

对于其他混合联结模式，系统的失效域与单故障模式失效域之间的逻辑关系可通过单故障模式与系统失效模式之间的逻辑关系得到。给出多态系统的失效域后，根据系统失效概率计算的积分表达式，采用蒙特卡洛数字模拟法进行多态系统的可靠性分析。依据随机变量的联合概率密度函数 $f_x(x)$ 抽取 $N$ 个随机样本点 $x_j=(j=1,2,\cdots,n)$，由多态系统失效域的定义，判断样本点 $x_j$ 是否落在系统失效域 $F^{(s)}$ 内，统计得出 $N$ 个样本点中落入系统失效域内的样本点数 $N_f$，以系统失效的频率 $\dfrac{N_f}{N}$ 代替失效的概率，可得到多态系统失效概率 $P_f^{(s)}$ 的估计值，如下：

$$\hat{P}_f^{(s)}=\frac{1}{N}\sum_{j=1}^{N}I_{F^{(s)}}(x_j)=\frac{N_f}{N} \tag{2-2}$$

多态系统失效概率的估计值 $\hat{P}_f^{(s)}$ 的数学期望 $E[\hat{P}_f^{(s)}]$、方差 $\mathrm{Var}[\hat{P}_f^{(s)}]$ 和变异系数 $\mathrm{Cov}[\hat{P}_f^{(s)}]$ 分别近似如下：

$$E[\hat{P}_f^{(s)}]=\frac{1}{N}\sum_{j=1}^{N}E[I_{F^{(s)}}(x_j)]=E[I_{F^{(s)}}(x)]=P_f$$

$$\mathrm{Var}[\hat{P}_f^{(s)}]\approx\frac{1}{N-1}[\hat{P}_f^{(s)}-(\hat{P}_f^{(s)})^2]$$

$$\mathrm{Cov}[\hat{P}_f^{(s)}]=\frac{\sqrt{\mathrm{Var}[\hat{P}_f^{(s)}]}}{E[\hat{P}_f^{(s)}]}\approx\sqrt{\frac{1-\hat{P}_f^{(s)}}{(N-1)\hat{P}_f^{(s)}}}$$

### 2.3.2　马尔可夫分析方法

对某一多态系统产品，设其由 $n$ 个相同或不同的且相互独立的元件构成，第 $i$ 个元件正常工作的概率为 $p_i(i=1,2,\cdots,n)$，失效的概率为 $q_i(i=1,2,\cdots,n)$，则有 $p_i+q_i=1$。令 $t$ 个单位时间后系统失效的概率为 $X_t$，系统能继续正常工作的概率为 $R(t)$。由于 $t$ 个单位时间后失效的元件数只与 $t-1$ 个单位时间后失效的元件数有关，因此 $\{X(t),t\geqslant 0\}$ 是一个状态空间为 $\{0,1,\cdots,n\}$ 的齐次马尔可夫链[13]。

设最早生产的产品已运行 $T$ 个单位时间，已生产 $t$ 个单位时间的产品的数量为 $N(t)$，$n_i(t)$ 为 $N(t)$ 个产品中元件失效的产品数量，则可取各单位时间一步转移概率的算术平均数作为一步转移概率的估计值，即

$$\begin{aligned}
p_{ij}&=\frac{1}{T}\sum_{t=0}^{T}p_{ij}(t)\\
&=\frac{1}{T}\sum_{t=0}^{T}P(X_{t+1}=j|X_t=i)\\
&=\frac{1}{T}\sum_{t=0}^{T}\frac{P(X_{t+1}=j,X_t=i)}{P(X_t=i)}\\
&=\frac{1}{T}\sum_{t=0}^{T}\frac{P(X_{t+1}=j)P(X_t=i)}{P(X_t=i)}\\
&=\frac{1}{T}\sum_{t=0}^{T}P(X_{t+1}=j)\\
&=\frac{1}{T}\sum_{t=0}^{T}\frac{n_j(t+1)}{N(t+1)}
\end{aligned}\tag{2-3}$$

若系统不可修，则一步转移概率 $p_{ij}=0(i>j)$，且其转移概率矩阵为

$$\boldsymbol{P}=\begin{bmatrix} p_{00} & p_{01} & \cdots & p_{0n}\\ 0 & p_{11} & \cdots & p_{1n}\\ \vdots & \vdots & & \vdots\\ 0 & 0 & \cdots & p_{nn}\end{bmatrix}$$

若已知现在 $k(1\leqslant k\leqslant n)$ 个元件失效，则可用 $t$ 步转移概率 $P^{(t)}$ 对 $t$ 个单位时间后整个系统的可靠性进行预测，即

$$R(t)=\sum_{j=i}^{k}p_{ij}^{(t)},\begin{cases}k=1, & \text{串联系统}\\ k=n, & \text{并联系统}\\ k(k\leqslant n), & k/n\text{系统}\end{cases}\tag{2-4}$$

### 2.3.3　多态故障树分析方法

故障树分析是技术装备及系统可靠性分析和安全性评估的一种重要方法，在

传统可靠性分析中起着十分重要的作用。在传统故障树分析方法中，一般视系统及其部件的故障状态只有两种（失效状态和正常工作状态），因此无法对多态系统进行分析。为此，一些学者对传统故障树进行了改进，提出了多态故障树分析方法。

多态故障树可视为对传统故障树的改进，其通过引入多态事件和多态故障门，形成含有多态故障门或至少一个多态事件的故障树，进而更准确地对多态系统进行可靠性分析。在分析过程中，多态故障树将多状态事件进行单独分析，并将系统故障树分成状态恶化和功能失效两种模式子树，且多状态事件全部置于状态恶化模式子树中，两状态事件全部置于功能失效模式中。多状态事件之间、状态恶化与功能失效两种模式子树之间均由多态故障逻辑门单元表征[14]。

采用最小路集法，假设系统故障树的状态恶化模式子树由 $m$ 个独立的底事件 $x_i(1\leqslant i\leqslant m)$ 组成，$x_i$ 具有三个离散且互斥的状态 0、0.5 和 1，且分别对应正常、退化和失效状态。设系统状态 $N_M$ 有 $k$ 个非失效状态的最小路径，记为 $\boldsymbol{A}=(\alpha_1,\alpha_2,\cdots,\alpha_k)$，其中 $\alpha_i$ 的分量由 0 和 0.5 的组合构成，则由最小路径矩阵 $\boldsymbol{A}$ 得到的矩阵 $\boldsymbol{B}$ 为

$$\boldsymbol{B}=\begin{vmatrix}1 & 1 & \cdots & 1\\ \alpha_1 & \alpha_2 & \cdots & \alpha_k\end{vmatrix}=|c_1,c_2,\cdots,c_k| \tag{2-5}$$

对于固定的 $j(j=1,2,\cdots,k)$，令 $f_{i_1,i_2,\cdots,i_j}=c_{i1}\overset{+}{\vee}c_{i2}\overset{+}{\vee}\cdots\overset{+}{\vee}c_{ij}$，$1\leqslant i_1<i_2<\cdots<i_j\leqslant k$。记 $\tilde{C}_j=(f_{i1,i2,\cdots,ij})$ 为所有以 $f_{i1,i2,\cdots,ij}$ 为列向量构成的 $(m+1)\times\begin{pmatrix}k\\ j\end{pmatrix}$ 阶矩阵。若已知各状态发生概率或模糊故障率，即可求得系统状态恶化模式顶事件 $N_{M_2}$ 的可靠度，为

$$R_{M_2}=-\sum_{j=1}^{n}f(\tilde{C}_j)\otimes g(\tilde{C}_j) \tag{2-6}$$

记系统功能失效模式的可靠度为 $R_{M_1}$，则系统的可靠度为

$$R_T=R_{M_1}\times R_{M_2} \tag{2-7}$$

### 2.3.4 贝叶斯网络模型

贝叶斯理论最早出现于 18 世纪，托马斯·贝叶斯所写的题为《关于几率性问题求解的评论》的论文对该理论的产生起到了奠基性的作用。由于当时的贝叶斯理论在实际应用中还存在着诸多不完善的地方，因此在当时和之后很长一段时间内并没有被人们理解与重视。20 世纪 80 年代以后，贝叶斯理论得到了很快的发展。人工智能的快速发展，尤其是机器人技术和数据挖掘的快速兴起，为贝叶斯理论的发展及在现实中的应用提供了更为广阔的空间。1986 年，著名学者 Pearl 首次在专家系统中引进了贝叶斯网络，通过将贝叶斯方法与图形理论有机结合，建立了可用于概率推理的贝叶斯网络模型，这是贝叶斯网络成熟的重要标志。贝

叶斯网络为故障树的转化模型，由于其能够描述系统多态性、依赖性、非单调性等多种特征，因此近年来在系统的可靠性分析和安全评估等领域得到了广泛应用。

1. 分类

对于不同形式的多状态系统，贝叶斯网络模型主要有三种，即多状态串联系统的贝叶斯网络模型、多状态并联系统的贝叶斯网络模型和多状态 $n$ 中取 $k$ 系统的贝叶斯网络模型。

（1）多状态串联系统的贝叶斯网络模型

假设某一多状态串联系统由两个三状态（失效、退化和正常状态，分别由 0、1、2 表示）元件 $X_1$ 和 $X_2$ 组成，在贝叶斯网络模型中分别给定 $X_1$ 和 $X_2$ 在三种不同状态下的初始概率，就可以根据条件分布概率分析得到系统节点 $T$ 的条件状态（以元件 $X_1$、$X_2$ 的不同状态为条件）。若用 $S(T)$、$S(X_1)$、$S(X_2)$ 分别表示系统节点 $T$ 和元件节点 $X_1$ 和 $X_2$ 的状态，且系统的状态取决于其中最坏元件的特点，则有

$$S(T)=\sum_{X_1,X_2}S(X_1,X_2,T)=\sum_{X_1}S(X_1)\sum_{X_2}[S(T|X_2)S(X_2)]=S(X_1)S(X_2) \tag{2-8}$$

由式（2-8）可以看出：

1）当 $S(X_1)=0$ 或 $S(X_2)=0$ 时，$S(T)=0$；

2）当 $S(X_1)=1$、$S(X_2)=1$ 时，$S(T)=1$；

3）当 $S(X_1)\neq 0$、$S(X_2)=2$ 或 $S(X_1)=2$、$S(X_2)\neq 0$ 时，$S(T)=2$。

（2）多状态并联系统的贝叶斯网络模型

假设某一多状态并联系统由两个三状态（失效、退化和正常状态，分别由 0、1、2 表示）元件 $X_1$ 和 $X_2$ 组成，在贝叶斯网络模型中分别给定 $X_1$ 和 $X_2$ 在三种不同状态下的初始概率，就可以根据条件分布概率分析得到系统节点 $T$ 的条件状态（以元件 $X_1$、$X_2$ 的不同状态为条件）。若用 $S(T)$、$S(X_1)$、$S(X_2)$ 分别表示系统节点 $T$ 和元件节点 $X_1$ 和 $X_2$ 的状态，且系统的状态取决于其中最坏元件的特点，则有

$$S(T)=\sum_{X_1,X_2}S(X_1,X_2,T)=\sum_{X_1}S(X_1)\sum_{X_2}[S(T|X_2)S(X_2)]=S(X_1)S(X_2) \tag{2-9}$$

由式（2-9）可以看出：

1）当 $S(X_1)=1$ 或 $S(X_2)=1$ 时，$S(T)=1$；

2）当 $S(X_1)=0$、$S(X_2)=0$ 时，$S(T)=0$；

3）当 $S(X_1)\neq 1$、$S(X_2)=2$ 或 $S(X_1)=2$、$S(X_2)\neq 1$ 时，$S(T)=2$。

（3）多状态 $n$ 中取 $k$ 系统的贝叶斯网络模型

假设一多状态系统由三个三状态（失效、退化和正常状态，分别由 0、1、2 表示）元件 $X_1$、$X_2$ 和 $X_3$ 组成，且 $k=2$（指系统中需要至少两个元件正常工作，系统才能正常工作）。在贝叶斯网络模型中分别给定 $X_1$、$X_2$ 和 $X_3$ 在三种不同状态下的初始概率，就可以根据条件分布概率分析得到系统节点 $T$ 的条件状态（以

元件$X_1$、$X_2$和$X_3$的不同状态为条件）。若用$S(T)$、$S(X_1)$、$S(X_2)$、$S(X_3)$分别表示系统节点$T$和元件节点$X_1$、$X_2$和$X_3$的状态，则有

$$\begin{aligned}S(T) &= \sum_{X_1,X_2} S(X_1,X_2,X_3,T) \\ &= \sum_{X_1} S(X_1) \sum_{X_2,X_3} [S(T|X_2,X_3)S(X_2)S(X_3)] \\ &= S(X_1)S(X_2)S(X_3)\end{aligned} \tag{2-10}$$

由式（2-10）可以看出：

1）当$S(X_1)=0$、$S(X_2)=0$或$S(X_2)=0$、$S(X_3)=0$或$S(X_1)=0$、$S(X_3)=0$或$S(X_1)=0$、$S(X_2)=0$、$S(X_3)=0$时，$S(T)=0$；

2）当$S(X_1)=1$、$S(X_2)=1$、$S(X_3)=1$或$S(X_1)=1$、$S(X_2)=1$、$S(X_3)=0$或$S(X_1)=1$、$S(X_2)=0$、$S(X_3)=1$或$S(X_1)=0$、$S(X_2)=1$、$S(X_3)=1$时，$S(T)=1$；

3）当$S(X_1)=1$、$S(X_2)=1$、$S(X_3)=2$或$S(X_1)=1$、$S(X_2)=2$、$S(X_3)=1$或$S(X_1)=2$、$S(X_2)=1$、$S(X_3)=1$或$S(X_1)=2$、$S(X_2)=2$或$S(X_1)=0$、$S(X_3)=2$或$S(X_2)=0$、$S(X_3)=0$或$S(X_1)=2$、$S(X_2)=2$、$S(X_3)=2$时，$S(T)=2$。

2. 作用

针对不同的多态系统，在建立相应的贝叶斯网络模型后，就可以方便地对该系统进行可靠性分析，如节点的后果概率、根节点相对系统的重要度等。

（1）后果概率

在贝叶斯网络模型中，系统节点的各个后果$i$的发生概率可通过计算相关节点间的联合概率分布得到，即

$$P(T=i) = \sum_{E_1,\cdots,E_m} P(E_1=e_1,\cdots,E_m=e_m,T=i) \tag{2-11}$$

式中，$i \in S, S$为贝叶斯网络模型中系统节点$T$（叶节点）的状态空间，节点$E_j$ $(1 \leqslant j \leqslant m)$为贝叶斯网络模型中除叶节点之外的节点，即非叶节点（包括中间节点和根节点）；$m$为贝叶斯网络模型中非叶节点的个数，$e_j \in \Omega_j$为节点$E_j$的各个状态，$\Omega_j$为节点$E_j$各个状态的状态空间。

（2）重要度

重要度分析是系统可靠性分析方法中的重要组成部分，它描述了系统中一个或多个部件故障对系统故障的贡献大小，为系统进行优化设计及重新设计提供了重要的理论参考。

根节点相对于系统的重要度是指根节点相对于系统节点$T$（叶节点）发生的影响程度。在贝叶斯网络模型中，该值通常由相关节点之间的条件概率分布及各节点之间的联合概率分布决定。

在贝叶斯网络模型中，根节点$E_k (k=1,2,\cdots,l)$相对于系统节点$T$的后果$i$的风

险降低值（risk reduction worth，RRW）重要度为

$$\mathrm{RRW}_{E_k}(i)=\frac{1}{m_k}\sum_{I=0}^{m_k-1}\frac{P(T=i)}{P(T=i|E_k=I)} \tag{2-12}$$

根节点 $E_k(k=1,2,\cdots,l)$ 相对于系统节点 $T$ 的后果 $i$ 的割集（fussel-vesely，FV）重要度为

$$\mathrm{FV}_{E_k}(i)=\frac{1}{m_k}\sum_{I=0}^{m_k-1}\frac{P(T=i)-P(T=i|E_k=I)}{P(T=i)} \tag{2-13}$$

根节点 $E_k(k=1,2,\cdots,l)$ 相对于系统节点 $T$ 的后果 $i$ 的风险增加值（risk achievement worth，RAW）重要度为

$$\mathrm{RAW}_{E_k}(i)=\frac{1}{m_k}\sum_{I=0}^{m_k-1}\frac{P(T=i|E_k=I)}{P(T=i)} \tag{2-14}$$

其中，根节点 $E_k(k=1,2,\cdots,l)$ 的状态空间为 $\{0,1,\cdots,m_{k-1}\}$，$i\in M,M$ 为贝叶斯网络模型中系统节点 $T$ 的状态空间。

## 2.4　性能劣化系统模型分析

科技的飞速发展，促使高可靠、长寿命成为产品发展的必然趋势。对这些产品进行可靠性分析和寿命预测时，几乎不可能在短时间内得到充分的产品失效数据，甚至有可能会出现产品“零故障”的现象。因此，以产品的失效和试验时间为分析参数的传统可靠性分析和寿命预测方法将难以适用。但是，产品有其自身的性能特点，且随着工作时间的不断增加，这些性能特点会呈现出逐渐衰退的现象，直至无法正常工作。研究表明，在产品性能的退化过程中，会存在大量与其剩余寿命密切相关的可靠、准确的重要信息，若这些重要信息能得到有效利用，就可以弥补在对高可靠、长寿命产品进行剩余寿命预测过程中存在的产品失效数据难以获取等不足。因此，近年来基于产品性能退化数据的可靠性分析方法无论在理论研究还是在工程应用方面都取得了很大进展。除了作为产品可靠性分析方法中的重要组成部分外，以产品性能退化数据为基础的可靠性建模方法也是对高可靠、长寿命产品进行剩余寿命预测的重要手段，且现阶段已发展成为现代可靠性工程中一个新的研究方向。

### 2.4.1　退化轨道模型

退化轨道模型是一种常见的性能退化模型，被广泛用于产品的可靠性评估和剩余寿命预测中。其基本思想是假设产品的性能退化轨道为某一确定的函数族，不同产品性能退化轨道之间的差异由不同的退化轨道模型参数进行描述[15]。

退化轨道模型中存在两类参数，即固定参数和随机参数，其中固定参数用于

刻画产品之间的共性，随机参数则用于描述个体差异。

产品退化轨道模型的一般形式如下：

$$y(t) = D(t \mid \boldsymbol{\beta}) + \varepsilon(t) \tag{2-15}$$

式中，$y(t)$ 为 $t$ 时刻时产品的性能参数测量值；$D(t \mid \boldsymbol{\beta})$ 为描述产品性能参数随使用时间增加的实际退化过程的函数；$\varepsilon(t)$ 为性能参数的测量误差。

一般而言，在一次退化试验中通常会有多个测量样本，若设其个数为 $n$，则式（2-15）可以进一步表示为

$$y_{ij} = D(t_{ij} \mid \boldsymbol{\beta}_i) + \varepsilon_{ij}, i = 1,2,\cdots,n, j = 1,2,\cdots,m_i \tag{2-16}$$

式中，$\boldsymbol{\beta}_i = (\beta_{1i}, \beta_{2i}, \cdots, \beta_{ki})'$ 为第 $i$ 个测量样本的退化轨道模型中所有性能参数组成的向量；$\varepsilon_{ij}$ 为第 $i$ 个测量样本的性能参数在第 $j$ 次测量时的测量误差，且在实际计算中通常假设该测量误差独立同分布于数学期望值为 0、方差为 $\sigma_\varepsilon{}^2$ 的正态分布，即 $\varepsilon_{ij} \sim N(0, \sigma_\varepsilon^2)$；$m_i$ 为第 $i$ 个测量样本在一次退化试验中测量的总次数。

几种常见的退化轨道模型如表 2-1 所示。

**表 2-1　常见的退化轨道模型**

| 模型 | 表达式 |
|---|---|
| 线性退化轨道模型 | $D(t\|\boldsymbol{\beta}) = \beta_1 + \beta_2 t$ |
| 指数退化轨道模型 | $D(t\|\boldsymbol{\beta}) = \beta_1 \exp(\beta_2 t)$ |
| 幂律退化轨道模型 | $D(t\|\boldsymbol{\beta}) = \beta_1 + \beta_2 t^{\beta_3}$ |

通常，在得到产品的退化轨道模型后，就可以通过两种方法对产品进行可靠性评估和寿命预测，这两种方法分别是基于伪寿命和基于退化轨道随机参数向量。

1）基于伪寿命的产品可靠性评估与寿命预测的具体流程如下：

**Step 1**　估计各个样本的退化轨道参数。对于每个样本，单独拟合样本退化轨道，获得 $n$ 个退化模型参数的估计值。

**Step 2**　将样本 $i$ 的参数估计值代入退化轨道模型中，外推出各个样本退化轨道到达失效阈值的时间，即伪寿命 $L_i$：

$$L_i = \{t \mid D(t \mid \hat{\boldsymbol{\beta}}_i) = D_f, t \geqslant 0\}$$

**Step 3**　重复 Step 2，直到求得所有样本的伪寿命 $L_1, L_2, \cdots, L_n$。

**Step 4**　对上述求得的全部 $n$ 个样本的伪寿命建立寿命分布模型，常用的寿命分布类型有韦布尔分布、对数正态分布、指数分布、伽马分布等。

**Step 5**　根据上述伪寿命分布模型，即可进行产品的可靠性评估及寿命预测。

2）基于退化轨道随机参数向量的产品可靠性评估与寿命预测的具体流程如下：

**Step 1**　估计各个样品的退化轨道参数。对于每个样品，单独拟合样本退化轨道，获得 $n$ 个退化模型参数的估计值。对于每个样品 $i(i=1,2,\cdots,n)$，可通过极大似然法得到轨道参数 $(\varphi_i,\theta_i)$ 的估计值 $(\hat{\varphi}_j,\hat{\theta}_i)$。

**Step 2**　利用 Step 1 得到的估计值 $(\hat{\varphi}_j,\hat{\theta}_i)(i=1,2,\cdots,n)$ 计算轨道分布的参数 $\varphi$、$\mu_\theta$、$\Sigma_\theta$。

**Step 3**　求解失效时间分布。利用参数估计确定的退化轨道模型，一般采用蒙特卡洛仿真方法，利用失效比例来估计产品失效时间 $F_T(t)$：

$$F_T(t)=n(t)/N$$

式中，$n(t)$ 为 $N$ 次仿真中 $\tilde{t}\leqslant t$ 的次数。

利用退化轨道模型，在获得各个样本的退化轨道参数后，即可得到样本在采样时间 $t_i$ 时的剩余寿命，为

$$X_{t_i}=\{x_{t_i}:D(t_i+x_{t_i}\mid\boldsymbol{\beta})\geqslant D_f\big|D(t_i\mid\boldsymbol{\beta})<D_f\}\tag{2-17}$$

### 2.4.2　随机过程模型

与退化轨道模型相比，基于随机过程模型的剩余寿命预测方法受到了越来越多学者的青睐。产品的性能退化是由产品内部损伤的不断累积造成的，且针对不同的损伤过程，相对应的产品性能退化过程也有多种形式，如离散变化的性能退化过程、连续变化的性能退化过程及这两种变化方式共存的性能退化过程等。根据产品内部损伤过程的不同，产品性能退化的随机过程模型通常分为三类：基于维纳过程的性能退化模型、基于伽马过程的性能退化模型和基于复合泊松（Poisson）过程的性能退化模型。

#### 1. 基于维纳过程的性能退化模型

维纳过程是一种非单调连续随机过程，起源于描述花粉随机游走的布朗运动。维纳过程具有良好的分析和计算特性，许多学者在维纳过程的基础上开展了产品剩余寿命预测研究。基于维纳过程推导出的寿命（随机过程首次达到失效阈值的时间，简称首达时）分布具有封闭的解析表达式，凭借上述良好的数学性质，维纳过程被广泛应用于性能退化建模、可靠性评估与剩余寿命预测中。根据随机过程随时间的变化趋势不同，维纳过程又可以分为线性维纳过程和非线性维纳过程。本节主要研究基于维纳过程的性能退化模型。

设 $X(t)$ 表示某一做布朗运动的粒子在任意时刻时其位置在 $x$ 方向上的分量，$x_0$ 表示该粒子在初始时刻 $t_0$ 时的位置在 $x$ 方向上的分量，即有 $X(t_0)=x_0$。设 $p(x,t\mid x_0)$ 表示在给定 $t_0$ 时刻 $X(t_0)=x_0$ 的条件下 $t+t_0$ 时刻 $X(t+t_0)$ 的条件概率密

度。假设粒子的转移概率是平稳的，即 $p(x,t\mid x_0)$ 与初始时刻 $t_0$ 不相关。由于 $p(x,t|x_0)$ 是 $x$ 的密度函数，则其必满足

$$p(x,t|x_0)\geqslant 0,\int_{-\infty}^{+\infty} p(x,t\mid x_0)\mathrm{d}x=1 \tag{2-18}$$

进一步，对充分小的 $t$，$X(t+t_0)$ 与 $X(t_0)=x_0$ 非常接近，即

$$\lim_{t\to\infty} p(x,t\mid x_0)=0,x\neq x_0 \tag{2-19}$$

由物理原理，Einstein 证明了 $p(x,t\mid x_0)$ 必然满足偏微分方程

$$\frac{\partial p}{\partial t}=D\frac{\partial^2 P}{\partial x^2} \tag{2-20}$$

式中，$D$ 为扩散系数，表示在每单位时间内粒子平方位移的平均值。

式（2-20）称为扩散方程。在分子运动学中，扩散系数 $D$ 可由公式 $D=\dfrac{2RT}{Nf}$ 确定，其中 $R$ 为与分子特性相关的一个普适常量，$T$ 为绝对温度，$N$ 为阿伏加德罗常数，$f$ 为分子之间的摩擦系数。为方便计算，在数学中常令 $D=1/2$，则可以直接验证

$$p(x,t\mid x_0)=\frac{1}{\sqrt{2\pi t}}\exp\left[-\frac{1}{2t}(x-x_0)^2\right] \tag{2-21}$$

为式（2-20）的解，且其解在边界条件式（2-18）和式（2-19）下是唯一确定的。

实际上，由 Einstein 导出的偏微分方程［式（2-20）］也可由简单随机游动逼近的方式得到，包括查普曼-科莫高洛夫（Chapman-Kolmogorov）方程和中心极限定理（central limit theorems）。此外，若时间间隔不相交，则在该时间间隔内粒子的随机游动相互独立，因此维纳过程是一个具有独立增量的过程。又由于在任意一段时间间隔内，粒子随机游动的位置变化分布只和该时间间隔的大小有关，因此维纳过程应是一个具有平稳增量的过程。综上所述，标准维纳过程的定义可描述如下。

随机过程 $\{X(t);t\geqslant 0\}$ 称为标准维纳过程，其满足以下性质：

1） $X(0)=0$；

2）随机过程 $\{X(t);t\geqslant 0\}$ 为一具有独立平稳增量的过程，且该增量服从期望为 0、方差为 $\Delta t$ 的正态分布，即 $X(t+\Delta t)-X(t)\sim N(0,\Delta t)$；

3）对 $\forall t>0$，有 $X(t)\sim N(0,t)$。

维纳过程有多种变形形式，且漂移维纳过程、在原点反射的维纳过程、被原点吸收的维纳过程及几何布朗（Brownian）运动等形式最为常见，其中在产品性能退化建模中应用最为广泛的当属漂移维纳过程。若设 $\{\tilde{X}(t);t\geqslant 0\}$ 是标准维纳过程，则漂移维纳过程是一与随机过程 $\{X(t)=\tilde{X}(t)+\mu t;t\geqslant 0\}$ 的分布相同的过程，其中 $\mu$ 是一个常数，并称其为漂移参数。

漂移维纳过程的定义可由具有下面性质的随机过程$\{X(t);t\geqslant 0\}$描述：

1）$X(0)=0$；

2）随机过程 $X$ 是一具有平稳独立增量的过程，且该增量服从正态分布，即

$$X(t+\Delta t)-X(t)\sim N(\mu\Delta t,\sigma^2\Delta t)$$

3）对 $\forall t>0$，有 $X(t)\sim N(\mu t,\sigma^2 t)$。

由标准维纳过程的定义可知，一元漂移维纳过程的均值和方差分别表示为

$$E[X(t)]=\mu t$$

$$\mathrm{Var}[X(t)]=\sigma^2 t$$

可以看出一元漂移维纳过程 $X(t)$ 的均值和方差与时间均为线性增加的关系，其变异系数表示为

$$\mathrm{Cov}[X(t)]=\frac{\sqrt{\mathrm{Var}[X(t)]}}{E[X(t)]}=\frac{\sigma}{\mu\sqrt{t}}$$

由于维纳过程不是严格单调的，因此其适用于任何具有波动单调的产品性能退化过程的建模。若某一产品的性能退化过程为一元维纳过程且其失效阈值为 $D_f(D_f>0)$，则产品的寿命 $T$ 可由其性能退化量首次达到 $D_f$ 的时间表示，即

$$T=\inf\{t\mid X(t)=D_f,t\geqslant 0\} \tag{2-22}$$

需要注意的是，对于一元维纳过程而言，其漂移参数 $\mu$ 可以取任意实数。然而，当运用该过程对产品的性能退化过程进行建模时，由于任何产品最终都将会失效，因此为保证随机过程 $X(t)$ 最终一定能够达到失效阈值 $D_f$ 即失效，就需要漂移参数 $\mu>0$。

产品寿命 $T$ 的分布可由式（2-22）推导得到，且该分布为逆高斯分布，其分布函数和概率密度函数可分别表示为

$$F(t)=\Phi\left(\frac{\mu t-D_f}{\sigma\sqrt{t}}\right)+\exp\left(\frac{2\mu D_f}{\sigma^2}\right)\Phi\left(\frac{-D_f-\mu t}{\sigma\sqrt{t}}\right) \tag{2-23}$$

$$f(t)=\frac{D_f}{\sqrt{2\pi\sigma^2 t^3}}\exp\left[-\frac{(D_f-\mu t)^2}{2\sigma^2 t}\right] \tag{2-24}$$

产品寿命 $T$ 的期望和方差分别为

$$E(T)=\frac{D_f}{\mu}$$

$$\mathrm{Var}(T)=\frac{D_f\sigma^2}{\mu^3}$$

在以性能退化为基础的产品可靠性建模和分析方法中，通常将产品的失效阈值 $D_f$ 视为某一确定的常数，且其具体数值大小取决于产品的功能需求或失效物理分析。图 2-3 给出了在产品失效阈值 $D_f=6$ 条件下取不同 $\mu$、$\sigma$ 值时寿命 $T$ 的逆高

斯分布的概率密度函数。

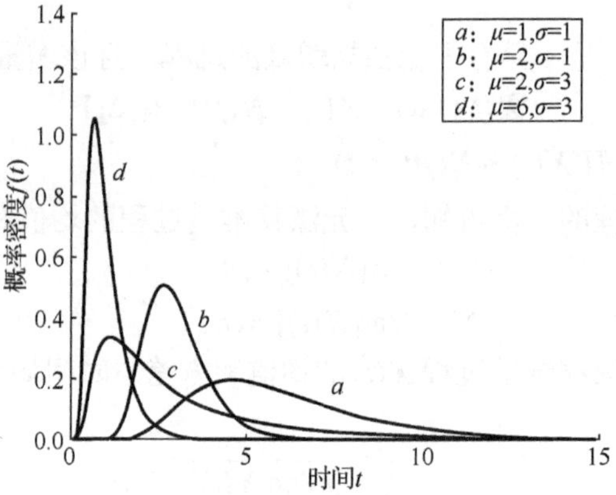


图 2-3　逆高斯分布密度函数

假设在性能退化试验中共有 $n$ 个测量样品，且对于样品 $i$，设其在起始时刻 $t_0$ 的性能退化量为 0，即 $X_{i0}=0$，则得到样品 $i$ 在时刻 $t_1,\cdots,t_{m_i}$ 时的性能退化量测量值分别为 $X_{i1},\cdots,X_{im_i}$。

记 $\Delta x_{ij}=X_{ij}-X_{i(j-1)}$ 为样品 $i$ 在时刻 $t_{j-1}$ 和 $t_j$ 之间的性能退化量，由维纳过程的性质可知

$$\Delta x_{ij} \sim N(\mu\Delta t_j,\sigma^2\Delta t_j) \tag{2-25}$$

式中，$\Delta t_j=t_j-t_{j-1},i=1,\cdots,n,j=1,\cdots,m_i$。

由性能退化数据得到的似然函数为

$$L(\mu,\sigma^2)=\prod_{i=1}^{n}\prod_{j=1}^{m_i}\frac{1}{\sqrt{2\sigma^2\pi\Delta t_j}}\exp\left[-\frac{(\Delta x_{ij}-\mu\Delta t_j)^2}{2\sigma^2\Delta t_j}\right] \tag{2-26}$$

由式（2-26）可以直接求得参数 $\mu$、$\sigma^2$ 的极大似然估计分别为

$$\hat{\mu}=\frac{\sum_{i=1}^{n}X_{im_i}}{\sum_{i=1}^{n}t_{m_i}}$$

$$\hat{\sigma}^2=\frac{1}{\sum_{i=1}^{n}m_i}\left[\sum_{i=1}^{n}\sum_{j=1}^{m_i}\frac{(\Delta x_{ij})^2}{\Delta t_j}-\frac{\left(\sum_{i=1}^{n}X_{im_i}\right)^2}{\sum_{i=1}^{n}t_{m_i}}\right]$$

由 $\mu$、$\sigma^2$ 得到任务时间 $t$ 的可靠点估计为

$$R(t) = 1 - F(t) = \Phi\left(\frac{D_f - \hat{\mu}t}{\hat{\sigma}\sqrt{t}}\right) - \exp\left(\frac{2\hat{\mu}D_f}{\hat{\sigma}^2}\right)\Phi\left(\frac{-D_f - \hat{\mu}t}{\hat{\sigma}\sqrt{t}}\right) \tag{2-27}$$

已知维纳过程的性能退化模型时，样本在采样时刻 $t_i$ 时的剩余寿命可定义为随机过程 $\{X(t);t \geqslant 0\}$ 首次达到失效阈值 $D_f$ 的时间，即

$$X_{t_i} = \inf\{x_{t_i} : X(t_i + x_{t_i}) \geqslant D_f \big| X(t_i) < D_f\} \tag{2-28}$$

2. 基于伽马过程的性能退化模型

对于大多数高可靠、长寿命产品而言，其退化过程如磨损过程、疲劳过程、腐蚀过程等均表现为严格的单调性，即该类产品具有退化过程严格递增、退化增量非负的特征。因此，考虑到维纳过程的性质，应用该过程在建立产品的性能退化模型时会存在一定的局限性。维纳过程是一种典型的非单调退化过程。工程中，一些产品性能参数退化是严格单调的（如金属裂纹的增长），此时用伽马过程对其进行建模更为合适[16]。伽马过程是一种严格单调非减随机过程，广泛应用于退化建模、可靠性评估和维修决策中。

张英波等[17]利用设备运行中得到的大量间接状态参数和少量直接状态参数建立了基于伽马退化过程的剩余寿命预测模型，并使用粒子滤波算法实现了模型参数估计，解决了缺乏故障数据时难以进行剩余寿命预测的问题。王浩伟等[18]针对进行过加速老化试验的产品，提出了一种利用基于伽马过程参数的非共轭先验分布对产品的剩余寿命进行贝叶斯统计推断的方法，将加速老化数据作为先验信息，利用伽马过程进行老化建模，通过加速因子获得形状参数在工作应力下的折算值，提高剩余寿命预测的可信度。

设 $\{G(t);t \geqslant 0\}$ 是形状参数为 $v > 0$、尺度参数为 $u > 0$ 的伽马过程，满足以下性质：

1）$G(0) = 0$；

2）$G(t)$ 具有独立增量；

3）对任意 $t > s \geqslant 0, G(t) - G(s) \sim \mathrm{Ga}[v(t-s), u]$。

其中，$\mathrm{Ga}(x \mid v,u)$ 是参数为 $v > 0$、$u > 0$ 的伽马分布，概率密度函数为

$$f(x \mid v,u) = \frac{1}{\Gamma(v)u^v} x^{v-1} \mathrm{e}^{-x/u} I_{(0,\infty)}(x) \tag{2-29}$$

且

$$I_{(0,\infty)}(x) = \begin{cases} 1, & x \in (0,\infty) \\ 0, & x \notin (0,\infty) \end{cases}$$

式中，$\Gamma(v) = \int_0^\infty x^{v-1} \mathrm{e}^{-x} \mathrm{d}x$ 为伽马函数。

伽马过程 $\{G(t);t \geqslant 0\}$ 的均值和方差分别为

$$E[G(t)] = uvt\,,\ \mathrm{Var}[G(t)] = u^2 vt$$

不失一般性，假定伽马退化过程 $\{G(t);t \geqslant 0\}$ 的初始值为 0；$D_f$ 为产品的失效阈值，且为某一确定数；随机变量 $T$ 表示产品在该退化过程中首达其失效阈值 $D_f$ 的时间。由于伽马过程 $G(t)$ 是严格递增的，则有

$$\begin{aligned} P(T > t) &= P[G(t) < D_f] \\ &= \int_0^{D_f} \frac{1}{\Gamma(vt)u^{vt}} x^{vt-1} \mathrm{e}^{-x/u} \mathrm{d}x \\ &= \frac{1}{\Gamma(vt)} \int_0^{D_f/u} \xi^{vt-1} \mathrm{e}^{-\xi} \mathrm{d}\xi \end{aligned} \tag{2-30}$$

因此，$T$ 的分布函数和概率密度函数可以表示为

$$F(t;D_f) = \frac{\Gamma(vt, D_f/u)}{\Gamma(vt)} \tag{2-31}$$

$$f(t;D_f) = \frac{\mathrm{d}}{\mathrm{d}t} \frac{\Gamma(vt, D_f/u)}{\Gamma(vt)} \tag{2-32}$$

其中，$\Gamma(a,z)$ 为不完全伽马函数，$\Gamma(a,z) = \int_z^{\infty} \xi^{a-1} \mathrm{e}^{-\xi} \mathrm{d}\xi$。

$$f(t;D_f) = \frac{\mathrm{d}}{\mathrm{d}t} \frac{\Gamma(vt, D_f/u)}{\Gamma(vt)} = \frac{v}{\Gamma(vt)} \int_0^{D_f/u} \left[ \ln\xi - \frac{\Gamma'(vt)}{\Gamma(vt)} \right] \xi^{vt-1} \mathrm{e}^{-\xi} \mathrm{d}\xi \tag{2-33}$$

由式（2-33）可以看出，该概率密度函数尤为复杂，使得在实际应用时难以对其进行处理。为了避免这一问题，通常采用 BS 分布逼近 $T$ 的分布，即

$$F(t;D_f) = \Phi\left[\frac{1}{\alpha}\left(\sqrt{\frac{t}{\beta}} - \sqrt{\frac{\beta}{t}}\right)\right], \quad t > 0 \tag{2-34}$$

式中，$\Phi(\cdot)$ 为标准正态分布；$\alpha = \sqrt{\dfrac{u}{D_f}}$；$\beta = \dfrac{D_f}{vu}$。

与其相对应的概率密度函数可表示为

$$f(t;D_f) = \frac{1}{2\sqrt{2\pi}\alpha\beta}\left[\left(\frac{\beta}{t}\right)^{\frac{1}{2}} + \left(\frac{\beta}{t}\right)^{\frac{3}{2}}\right] \exp\left[-\frac{1}{2\alpha^2}\left(\frac{t}{\beta} - 2 + \frac{\beta}{t}\right)\right], \quad t > 0 \tag{2-35}$$

假设在性能退化试验中共有 $n$ 个测量样品，且对于样品 $i$，设其在起始时刻 $t_0$ 的性能退化量为 0，即 $X_{i0} = 0$，则得到样品 $i$ 在时刻 $t_1, \cdots, t_{m_i}$ 时的性能退化量测量值分别为 $G_{i1}, \cdots, G_{im_i}$。记 $\Delta g_{ij} = G_{ij} - G_{i(j-1)}$ 为样品 $i$ 在时刻 $t_{j-1} \sim t_j$ 的性能退化量，由伽马过程的性质可知

$$\Delta g_{ij} \sim \mathrm{Ga}(v\Delta t_j, u) \tag{2-36}$$

式中，$\Delta t_j = t_j - t_{j-1}, i = 1,\cdots,n, j = 1,\cdots,m_i$。

由性能退化数据得到的似然函数为

$$L(v,u) = \prod_{i=1}^{n}\prod_{j=1}^{m_i}\frac{1}{\Gamma(v\Delta t_j)u^{v\Delta t_j}}(\Delta g_{ij})^{v\Delta t_j - 1}\exp\left[-\frac{\Delta g_{ij}}{u}\right] \tag{2-37}$$

相应的对数似然函数为

$$\ln L(v,u) = \prod_{i=1}^{n}\prod_{j=1}^{m_i}\left[-\ln\Gamma(v\Delta t_j) - v\Delta t_j \ln u - \frac{\Delta g_{ij}}{u} + (v\Delta t_j - 1)\ln\Delta g_{ij}\right] \tag{2-38}$$

对模型式（2-38）采用极大似然估计方法，即可得到 $v$、$u$ 的估计值 $\hat{v}$、$\hat{u}$，代入式（2-34），即可确定其任务时间的可靠度点估计为

$$R(t) = 1 - F(t) = 1 - \varPhi\left[\frac{1}{\hat{\alpha}}\left(\sqrt{\frac{t}{\hat{\beta}}} - \sqrt{\frac{\hat{\beta}}{t}}\right)\right] \tag{2-39}$$

在采样时刻 $t_i$，利用伽马过程可得到样品剩余寿命的定义为

$$X_{t_i} = \inf\{x_{t_i} : G(t_i + x_{t_i}) \geqslant D_f \,|\, G(t_i) < D_f\} \tag{2-40}$$

考虑到伽马过程的严格单调性，式（2-40）可写为

$$X_{t_i} = \{x_{t_i} : G(t_i + x_{t_i}) \geqslant D_f \,|\, G(t_i) < D_f\} \tag{2-41}$$

3. 基于复合泊松过程的性能退化模型

一方面，考虑到在实际过程中产品随工作时间退化失效的累积效应特征，以及产品性能参数测量的特点；另一方面，由于复合泊松过程的底层分布形式可以进行灵活设置，且泊松分布也可有齐次分布、非齐次分布及广义分布等多种类型的分布形式，进而能够根据条件拟合出产品的不同形状的性能退化曲线。因此，可以利用复合泊松过程建立产品的性能退化轨道模型，并在该模型的基础上对产品进行可靠性分析和寿命预测。

在实际工程中，大多数设备系统在其工作过程中往往受到来自外部环境及自身带来的连续不断的冲击损伤，如超载损伤、偶然冲击损伤及振动损伤等，且造成设备系统损伤的冲击不是一蹴而就，而是持续进行的。因此，可根据造成设备系统损伤的冲击到达的机理，假设该系统在其工作过程中受到的冲击到达的机理服从一参数为 $\lambda$ 的泊松过程 $\{N(t), t \geqslant 0\}$，即 $N(t)$ 表示在时间 $[0,t]$ 内系统受到的冲击次数。显然，每次冲击对系统造成的损伤程度都是不同的，且该损伤程度表现为一随机变量。因此，可设每次冲击对系统造成的损伤程度为随机变量 $\{S_i, i = 1,2,\cdots\}$。另外，根据实际工程中系统受到的冲击源产生冲击的机理，可将在通常情况下由冲击造成的系统的内部损伤程度视为是独立同分布的，且系统损

伤 $S_k$ 与其在该时间段内承受冲击的次数 $N(t)$ 相互独立。显然，在实际工程中，设备系统的损伤程度在持续冲击作用下具有一定的累积效应，即系统的损伤程度可以累加。因此，设备系统在 $t$ 时刻的损伤程度应是在时间 $[0,t]$ 内冲击 $N(t)$ 次造成的损伤程度 $S_1,S_2,\cdots,S_{N(t)}$ 累加的结果，即

$$X(t)=\sum_{i=1}^{N(t)}S_i \tag{2-42}$$

式（2-42）表明，随机变量 $X(t)$ 是由随机泊松过程 $\{N(t),t\geqslant 0\}$ 和随机变量 $\{S_i,i=1,2,\cdots\}$ 复合而成的复合泊松过程。

由随机变量的特征函数与其各阶矩之间的关系可以得到复合 Poisson 过程的总体矩，通过测量的电容器的电容量退化数据可以得到各个采样时刻下的样本矩，通过矩估计法和最小二乘法可以得到各参数的点估计值。

假设某一产品的性能退化量的初始分布服从均值为 $\alpha$ 、方差为 $\sigma_a^2$ 的正态分布，即 $X(t_0)\sim N(\alpha,\sigma_a^2)$，该正态分布表示产品在初始时刻的性能，并由其加工工艺、生产水平等因素决定。根据复合泊松过程的定义，每个随机变量 $S_k$ 均有相同的分布密度，若已知产品承受冲击的次数 $N(t)=k$ ，则 $X(t)$ 即为 $k$ 个随机变量的累加。于是，可以得到冲击次数 $N(t)$ 的特征函数 $\phi_X(v,t)$ ，为

$$\begin{aligned}
\phi_X(v,t)&=\sum_{k=0}^{\infty}E[\mathrm{e}^{\mathrm{j}vX(t)}\mid N(t)=k]P\{N(t)=k\}\\
&=\sum_{k=0}^{\infty}E\left[\mathrm{e}^{\mathrm{j}v\sum_{i=1}^{k}S_i}\middle| N(t)=k\right]P[N(t)=k]\\
&=\sum_{k=0}^{\infty}\left\{\prod_{i=1}^{k}E[\mathrm{e}^{\mathrm{j}vS_i}]P[N(t)=k]\right\}\\
&=\sum_{k=0}^{\infty}[\phi_S(v)]^k\frac{(\lambda t)^k}{k!}\mathrm{e}^{-\lambda t}\\
&=\mathrm{e}^{-\lambda t}\sum_{k=0}^{\infty}\frac{[\lambda t\phi_S(v)]^k}{k!}\\
&=\mathrm{e}^{-\lambda t}\mathrm{e}^{\lambda t\phi_S(v)}\\
&=\mathrm{e}^{\lambda t[\phi_S(v)-1]}
\end{aligned} \tag{2-43}$$

对特征函数求导，得到 $X(t)$ 的前三阶矩：

$$E[X(t)]=(-j)\frac{\mathrm{d}}{\mathrm{d}v}\phi_X(v,t)\bigg|_{v=0}=(-j)\left\{\lambda t\frac{\mathrm{d}\phi_S(v)}{\mathrm{d}v}\mathrm{e}^{\lambda t[\phi_S(v)-1]}\right\}\bigg|_{v=0}=\lambda tE[S]$$

$$E[X^2(t)]=(-j)\frac{\mathrm{d}^2}{\mathrm{d}v^2}\phi_X(v,t)\bigg|_{v=0}=(\lambda t)^2[E[S]]^2+\lambda tE[S^2]$$

$$E[X^3(t)] = (-j)\frac{\mathrm{d}^3}{\mathrm{d}v^3}\phi_X(v,t)\bigg|_{v=0} = (\lambda t)^3[E[S]]^3 + (\lambda t + \lambda^2 t^2)E[S]E[S^2] + \lambda t E[S^3]$$

而 $S \sim N(\mu, \sigma^2)$，故

$$E[S] = \mu,\ E[S^2] = \mu^2 + \sigma^2,\ E[S^3] = \mu^3 + 2\mu\sigma^2$$

于是，

$$\begin{aligned} E[X^3(t)] &= \lambda^3\mu^3 t^3 + (3\lambda^2 t^2)\mu(\mu^2 + \sigma^2) + \lambda t(\mu^3 + 3\mu\sigma^2) \\ &= t(\lambda\mu^3 + 3\lambda\mu\sigma^2) + t^2(3\lambda^2\mu^3 + 3\lambda^2\mu\sigma^2) + t^3\lambda^3\mu^3 \end{aligned}$$

对任意 $t_j$，由测量值 $\{S_{ij}, i = 1,2,\cdots,n\}$ 得到三阶样本矩 $\hat{E}[X^3(t_j)] = S_{ij}^3 / n$，由数据列 $\left\{\left(\dfrac{\hat{E}[X^3(t_j)]}{t_j}, t_j\right), j = 1,2,\cdots,m\right\}$，通过对其进行二次多项式拟合，可得到

$$\frac{\hat{E}[X^3(t)]}{t} = k_1 + k_2 t + k_3 t^2 \tag{2-44}$$

式中，$k_1$、$k_2$、$k_3$ 为运用最小二乘法拟合得到的多项式的各系数。

由阶矩估计原理，可得到非线性方程组

$$\begin{cases} \lambda\mu^3 + 3\lambda\mu\sigma^2 = k_1 \\ 3\lambda^2\mu^3 + 3\lambda^2\mu\sigma^2 = k_2 \\ \lambda^3\mu^3 = k_3 \end{cases} \tag{2-45}$$

通过求解式（2-45），即可得到参数 $\lambda$、$\mu$、$\sigma$ 的估计值 $\hat{\lambda}$、$\hat{\mu}$、$\hat{\sigma}$。

设 $D_f$ 为失效阈值，则复合泊松过程对应的可靠度函数 $R(t)$ 为

$$\begin{aligned} R(t) &= P[X(t) \leqslant D_f] = P\left[\sum_{i=1}^{N(t)} S_i \leqslant D_f\right] \\ &= \sum_{k=1}^{\infty} P\left[\sum_{i=1}^{N(t)} S_i \leqslant D_f, N(t) = k\right] \\ &= \sum_{k=1}^{\infty} P\left[\sum_{i=1}^{N(t)} S_i \leqslant D_f \middle| N(t) = k\right] \\ &= \sum_{k=1}^{\infty} P\left[\sum_{i}^{N(t)} S_i \leqslant D_f\right] \cdot P[N(t) = k] \\ &= \sum_{k=1}^{\infty} \Phi\left(\frac{D_f - k\mu}{k\sigma}\right)\frac{(\lambda t)^k}{k!} \end{aligned} \tag{2-46}$$

### 2.4.3　累积损伤退化模型

一般退化是指在外力作用下，材料内部受到损伤，且随着工作时间的增加，损坏不断积累，当损坏积累到一定限度，达到材料所能承受的极限时，材料就会

发生破坏。描述材料内部损伤累积过程的模型称为累积损伤模型，常见的累积损伤模型有 Paris 模型、幂律模型、Birnbaum-Saunders 模型等。

1. Paris 模型

疲劳裂纹的扩展可以用裂纹扩展的运动曲线完全描述，如图 2-4 所示。其中，$\frac{\mathrm{d}\alpha}{\mathrm{d}N}$ 为裂纹扩展的速率，d$N$ 为应力强度因子；第一区是裂纹从萌生到扩展的过渡区，第二区是裂纹稳定扩展的线性区（著名的 Paris 区），第三区是失稳扩展的快速断裂区。

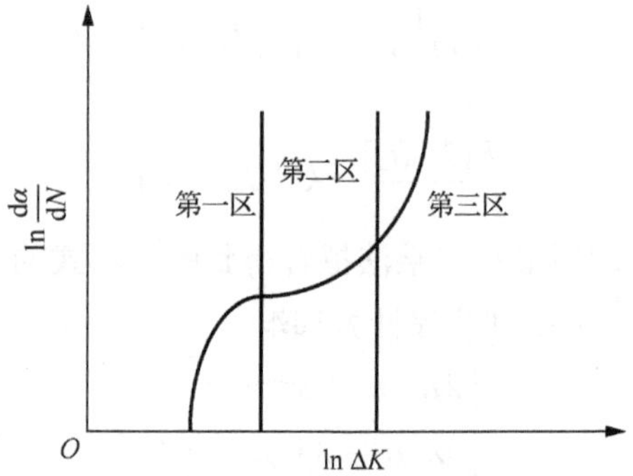


图 2-4　裂纹扩展的运动曲线

1963 年，Paris 和 Erdogan 提出了一个著名的裂纹扩展公式：

$$\frac{\mathrm{d}\alpha}{\mathrm{d}N}=(\Delta K)^4/M \tag{2-47}$$

后来人们发现，式（2-47）中的指数 4 不是一个定值，其有一定的变化范围，具体的取值取决于材料特性和试验环境条件，一般为 2～9。于是，人们提出了新的 Paris 裂纹扩展公式：

$$\frac{\mathrm{d}\alpha(t)}{\mathrm{d}t}=C\times[\Delta K(\alpha)]^m \tag{2-48}$$

式中，$\alpha$ 为微小裂缝宽度；$t$ 为广义时间（可用次数等离散点时间）；$C>0$、$m>0$ 为与元器件材料特性相关的参数；$\Delta K(\alpha)$ 为 $\alpha$ 的应力强度函数，它的形式依赖于所施应力及元器件的形状结构等特性。

一些学者利用 Paris 模型建立了一组裂缝疲劳增长数据的退化轨道函数，通过取 $\Delta K(\alpha)=\alpha$，得到了裂缝随应力负载周期数变化的近似形式为

$$\alpha(N)=\frac{\alpha(0)}{[1-\alpha(0)^{m-1}C(m-1)N]^{1/(m-1)}} \tag{2-49}$$

式中，$\alpha$ 为微小裂缝宽度；$N$ 为应力负载循环周期数。

研究发现，应力比（最小应力与最大应力之比）对 Paris 模型拟合的精度有较大的影响。因此，在研究疲劳裂纹的扩展时，为了将应力比对其影响考虑在内，Walker 提出了下列模型：

$$\frac{\mathrm{d}\alpha}{\mathrm{d}t}=C\times\left[\frac{\Delta K}{(1-R)^n}\right]^m \tag{2-50}$$

式中，$R$ 为应力比。

由式（2-50）可以看出，与 Paris 模型相比，该模型对疲劳裂纹的扩展速率进行了关于应力比的修正。

为了综合考虑应力和断裂韧性对疲劳裂纹扩展的影响，Forman 又提出了用于研究疲劳裂纹扩展二、三阶段的扩展规律的模型：

$$\frac{\mathrm{d}\alpha}{\mathrm{d}t}=C\times\frac{(\Delta K)^m}{(1-R)K_c-\Delta K} \tag{2-51}$$

式中，$K_c$ 为断裂韧度。

由式（2-51）可以看出，Forman 公式在对疲劳裂纹扩展速率的研究中既进行了关于应力比的修正，又进行了关于断裂韧性的修正。

一般来说，公式的参数越多，模拟的精度越高，但容易出现过拟合，导致外推风险增大，所以要根据工程实际选择合适的模型。

2. 幂律模型

幂律模型描述了退化量与广义时间之间的关系。若假设某一产品的性能参数随工作时间的延长呈现单调变化，且在 $t$ 时刻的性能参数满足

$$y(t)=\beta_1 t^{\beta_2}, \quad \beta_1>0, y(t)>0 \tag{2-52}$$

式中，$y(t)$ 为退化量，$t$ 为广义时间；$\beta_1$ 为退化率因子，与产品的工作环境应力有关；$\beta_2$ 为退化曲线的形状参数，只与产品的制造材料有关。

显然，退化量是广义时间的幂函数，因此称该模型为幂律模型。

幂律模型在性能退化分析中经常用到，如混凝土由于加固腐蚀造成的退化符合 $\beta_2$=1 的线性退化规律，而硫酸盐侵蚀造成的退化符合 $\beta_2$=2 的抛物线退化规律，老化造成的退化满足 $\beta_2$=0.5 的平方根规律。

采用如下幂律模型描述薄膜电阻的退化机理，它是 Arrhenius 模型的一个应用：

$$\nabla R/R=(t/\tau)^m \tag{2-53}$$

式中，$m$ 为一与温度相关的参数，$\tau$ 服从 Arrhenius 模型。

通过对幂律模型的扩展，可得到另一个常用于退化数据分析的模型，即扩展指数律模型：

$$y/y_0=\exp[-(t/\tau_d)^p] \tag{2-54}$$

式中，$y$ 为退化量；$y_0$ 为退化量的初始值；$p$ 为参数。

3. Birnbaum-Saunders 模型

在周期性荷载作用下，产品的性能在逐步退化，将一个荷载周期视为一个时间单位，当性能退化量超过其失效阈值 $D_f$ 时，产品即会发生退化失效。在每个时间单位内，由荷载引起的产品性能退化量为一与其制造材料、工艺及所受作用力等因素有关的随机变量。设第 $j$ 个时间单位引起的退化量 $Y_j$ 为一均值为 $\mu$、方差为 $\sigma^2$ 的随机变量，则产品在连续受到 $n$ 次荷载周期后的累积退化量可表示为

$$X_n = \sum_{j=1}^{n} Y_j \tag{2-55}$$

当荷载周期 $n$ 很大时（在疲劳过程中是一个很容易满足的条件），由中心极限定理和正态分布的对称性可得

$$P(N \leqslant n) = 1 - \Phi\left(\frac{C - n\mu}{\sigma\sqrt{n}}\right) = \Phi\left(\frac{n\mu}{\sigma\sqrt{n}} - \frac{C}{\sigma\sqrt{n}}\right) \tag{2-56}$$

式中，$\Phi(\cdot)$ 为标准正态分布。

将式（2-56）推广到连续的情形，可得

$$F(t) = P(T \leqslant t) = \Phi\left(\frac{\mu}{\sigma}t^{1/2} - \frac{C}{\sigma}t^{-1/2}\right) \tag{2-57}$$

令

$$\alpha = \frac{\sigma}{\sqrt{\mu C}}, \quad \beta = \frac{C}{\mu}$$

可得失效概率分布函数为

$$F(t;\alpha,\beta) = \Phi\left[\frac{1}{\alpha}\left(\sqrt{\frac{t}{\beta}} - \sqrt{\frac{\beta}{t}}\right)\right], \quad t > 0 \tag{2-58}$$

相应的密度函数为

$$f(t;\alpha,\beta) = \frac{1}{2\sqrt{2}\alpha\beta}\left[\left(\frac{\beta}{t}\right)^{\frac{1}{2}} + \left(\frac{\beta}{t}\right)^{\frac{3}{2}}\right]\exp\left[-\frac{1}{2\alpha^2}\left(\frac{t}{\beta} - 2 + \frac{\beta}{t}\right)\right], \quad t > 0 \tag{2-59}$$

如做如下变换：

$$X = \frac{1}{2}\left[\left(\frac{T}{\beta}\right)^{\frac{1}{2}} - \left(\frac{T}{\beta}\right)^{-\frac{1}{2}}\right]$$

即

$$T = \beta\left(1 + 2X^2 + 2X\sqrt{1 + X^2}\right)$$

易知 $X \sim N\left(0, \frac{1}{4}\alpha^2\right)$，则可计算得 $T$ 的均值和方差分别为

$$E(T) = \beta\left(1 + \frac{\alpha^2}{2}\right)$$

$$\mathrm{Var}(T) = (\alpha\beta)^2\left(1 + \frac{5\alpha^2}{4}\right)$$

# 本章小结

本章首先对劣化系统的概念及其特性进行详细阐述，然后对故障状态多样化的多态系统的四种可靠性分析方法进行了详细介绍，然后针对性能特征退化的高可靠、长寿命产品，对其三种主流可靠性建模分析方法进行了概述。在本书的后续章节中，基于对以上可靠性分析方法的分析，将深入研究基于模糊动态贝叶斯网络的多态系统可靠性分析方法、基于非线性状态空间模型的劣化系统剩余寿命预测方法以及基于多应力加速模型的劣化系统剩余寿命预测方法。

## 参考文献


[1] 郭一明. 基于强化学习的劣化系统维修策略研究[D]. 合肥: 合肥工业大学, 2011.

[2] QIN H, ZHA Y B, ZHANG R J, et al. Reliability analysis for multi-state system based on triangular fuzzy variety subset bayesian networks[J]. Maintenance and Reliability, 2017, 19(2):152-165.

[3] QIN H, ZHANG R J, ZHA Y B, et al. Multi-state system reliability analysis methods based on bayesian networks merging dynamic and fuzzy fault information[J]. International Journal of Reliability and Safety, 2019, 13(1-2):44-60.

[4] 国家自然科学基金委员会工程与材料科学部. 机械工程学科发展战略报告（2011～2020）[M]. 北京: 科学出版社, 2010.

[5] MI J, LI Y F, YANG Y J, et al. Reliability assessment of complex electromechanical systems under epistemic uncertainty[J]. Reliability Engineering & System Safety, 2016(152):1-15.

[6] 陈广娟, 孟宪云, 刘艳, 等. 多状态劣化系统的运行指标分析[J].燕山大学学报, 2005(11):531-535.

[7] 刘钦榛. 考虑状态退化相关性的多状态系统可靠性建模与评估方法研究[D]. 成都: 电子科技大学，2019.

[8] 许庆阳, 杨吉, 孟景辉, 等. 基于检测数据的应答器动态特性影响因素分析[J]. 铁道标准设计, 2021(1):1-6.

[9] 张军伟, 闫惠东, 魏朔, 等. 油气弹簧连通形式对其系统动态特性的影响[J]. 兵器装备工程学报, 2021(1):20-25.

[10] 亓迎川, 郭余庆. 非单调关联系统的可靠性计算[J]. 自动化学报, 1992(9):628-632.

[11] LISNIANSKI A, LEVITIN G. Multi-state system reliability: Assessment, optimization and applications[M]. Singapore: World Scientific, 2003:1-3.

[12] 吕震宙. 结构机构可靠性及可靠性灵敏度分析[M]. 北京: 科学出版社, 2009.

[13] 简学琴. 马尔可夫链在产品可靠性预测中的应用[J]. 山西电子技术, 2006(4):3-4.

[14] 杨思航. 基于多态模糊故障树的纯电动客车高压电气系统可靠性分析[D]. 长春: 吉林大学, 2016.

[15] FREITAS M A, MARIA L G, ENRICO A, et al. Using degradation data to assess reliability: A case study on train wheel degradation[J]. Quality and Reliability Engineering International, 2009 (25): 607-629.

[16] LAWLESS J, CROWDER M. Covariates and random effects in a Gamma process model with application to

degradation and failure [J]. Lifetime Data Analysis, 2004,10(3):213-227.

[17] 张英波, 贾云献, 冯添乐, 等. 基于 Gamma 退化过程的直升机主减速器行星架剩余寿命预测模型[J]. 振动与冲击, 2012,31(14):47-51.

[18] 王浩伟, 徐廷学, 刘勇. 基于随机参数 Gamma 过程的剩余寿命预测方法[J]. 浙江大学学报(工学版), 2015(4): 699-704.

# 第 3 章　基于模糊动态贝叶斯网络的多态系统可靠性分析

本章提出一种基于模糊动态贝叶斯网络的多态系统可靠性分析方法。传统可靠性分析方法主要应用于二态系统或者精确多态系统，而系统故障往往比较复杂，失效模式也呈现出模糊性、动态性、多态性。为使可靠性分析的系统更有一般性，本章将故障树与贝叶斯网络相结合，通过引入模糊集合理论，利用模糊数来描述各事件的故障状态，并考虑系统和各部件故障的多态性及失效概率随工作时间的变化规律（动态性），采用贝叶斯网络描述系统故障与各零部件故障之间的关系模型，并用条件概率表进行量化，从而正向分析系统可靠性，进行系统可靠性评估。最后，通过一个提梁机卷扬系统案例对本章所提出方法的有效性进行验证。

## 3.1　引　　言

### 3.1.1　模糊系统可靠性分析

模糊系统是一种将输入、输出及其映射规则定义在模糊集和模糊推理基础上的推理系统。它是确定性系统的一种推广，是模糊控制系统、模糊模式识别系统、模糊专家系统等具体系统的统称，其核心是由 IF-THEN 规则组成的规则库。模糊系统具有人脑思维的模糊性特点，可模仿人的综合推断能力来处理精确数学方法难以解决的模糊信息推理问题，现已广泛应用于自动控制、模式识别、决策分析、医疗诊断、天气预报等领域[1]。其中，本章探讨的 T-S 模糊模型由一系列的 IF-THEN 模糊规则构成，运用 T-S 门规则描述事件之间的联系，用模糊差代替故障树分析（fault tree analysis，FTA）中的布尔代数，以及运用事件的模糊子集表示失效的可能性概率，进而求解顶事件的失效可能性模糊子集。

可靠性指系统在规定时间、规定条件下完成规定功能的能力，是衡量系统性能和产品质量的重要评价指标。运用可靠性分析方法对现役系统进行可靠性分析，不仅可以计算其可靠度值，而且能够找到系统中的薄弱环节，进而及时地对其做出必要的维修或更换决策，以避免潜在危险的发生。传统的可靠性分析方法主要是对系统部件的可靠性进行分析，然后根据系统的结构函数对系统的可靠性进行分析。在可靠性分析过程中，传统可靠性分析方法主要有以下两个特点[2]：①一般将系统和部件视为两状态系统和两状态部件，即“正常工作”和“完全失效”两种状态，不考虑其中间状态；②分析过程中未体现出部件性能、系统可靠性与系统性能之间的关系。因此，针对劣化系统及其部件的多故障状态而言，上述传统的可靠性分析方法将不再适用，如何建立切实有效的可靠性分析方法对多态系统的可靠性进行分析成为越来越多的学者关注的话题。

多态系统理论能够对系统或部件的故障状态进行准确的描述，且能够透彻地分析部件性能、系统可靠性与系统性能之间的关系及系统失效的渐变过程，因此在多态系统的可靠性分析领域取得了长足发展。例如：Li 等[3-4]基于多态系统理论，提出了基于向量通用生成函数的多性能参数多态系统可靠性分析方法及以区间分析理论为基础的多态系统区间可靠性分析方法；Jiang 和 Duan[5]、Jiang 和 Hu[6]在状态组合算法和概率公式的基础上，提出了一种基于 GO 法的多态系统可靠性定量分析算法——概率矩阵算法（probability matrix algorithm，PMA）。

为简化计算，在传统可靠性分析方法中，一般假设系统或部件的故障状态、失效概率等为确定值，而在工程实际中，现役系统及其部件的故障形式和机理往往表现为复杂多样的形式，且由于使用环境的变化及历史数据的缺乏，很难获得其精确的故障状态和失效概率，因此在对劣化系统进行可靠性分析时，运用传统可靠性分析方法得到的结果与实际情况往往存在较大偏差。

模糊集合理论作为构建模糊系统的基础，是解决上述问题的一种有效方法，在可靠性分析中得到了广泛应用。姚成玉等[7-8]针对系统中存在的模糊和不确定性信息，在模糊集合理论的基础上，提出了基于 T-S 模糊故障树及基于 T-S 故障树和贝叶斯网络模型的可靠性分析方法，并得到了有效的应用。

### 3.1.2 动态系统可靠性分析

系统中存在要素间复杂的相互作用,使得系统总是处于不断运动变化之中，这种变化是系统在无序与有序、平衡与非平衡之间的转化。这种经历过产生、维持和消失的不可逆演化过程的系统即为动态系统。换言之，系统存在的本质是一个动态过程，系统的要素是动态过程的内部原因，系统的结构是动态过程的外部表现。一个系统的动态演化过程包括其子系统的动态演化过程,子系统的动态变化构成了系统演化过程中的一个环节或一个阶段[9]。动态系统的特点是系统的强度、载荷、可靠度和失效率在时域上均是变化的。

系统或其产品在长期使用过程中，由于其所处环境、自身材料性能、人为操作等各种因素的影响，其可靠性指标一般会随工作时间的增加而表现为递减趋势，且该递减过程是一动态过程，故在系统或部件可靠性分析时不可忽略时间因素的影响[8]。系统或部件的动态可靠性问题远复杂于其静态可靠性问题，近年来得到国内外学者的广泛关注。王新刚等[10-11]针对传统可靠性模型存在的问题，对机械零部件的动态可靠性、动态可靠性灵敏度的分析方法进行了深入研究；Lisnianski[12]在对多态系统动态可靠性进行分析时，提出了“扩展通用生成函数技术”。

从劣化系统可靠性分析的研究现状来看，多态性、模糊性和动态性是劣化系统故障信息的三大基本特性，忽略其中任一特性都会对其可靠性分析结果的准确度产生很大的影响。现有文献在对系统的可靠性进行分析时，大多是针对系统的模糊性、多态性和动态性中的某一种或两种特性进行研究，鲜有学者在对系统的可靠性进行研究过程中同时考虑了这三种特性，这就导致了分析结果与真实状态下系统的可靠度相比会有一定程度的偏差。贝叶斯网络作为常用的系统可靠性分析方法之一，与其他可靠性分析方法相比，其无论在建模能力、分析计算还是在反向推理能力等方面都有着明显的优势。因此，近年来随着人们利用贝叶斯网络模型对系统可靠性进行分析方法的不断深入研究，如何利用它在建模能力和模糊信息处理能力等方面上的优势，并考虑到系统故障状态的多样性及失效概率随时间不规则变化的动态性，建立能够对真实服役系统进行全面可靠性分析和评估的贝叶斯网络模型，进而更为精确地进行系统的可靠度分析，变得尤为关键。

## 3.2　模糊动态多态系统可靠性分析方法

### 3.2.1　总体思路

针对基于贝叶斯网络的多态系统模糊性与动态性的特点，结合系统中各部件故障状态随时间变化的动态函数与模糊集合理论，构建基于动态函数与模糊集合理论的贝叶斯网络节点。将建立的模糊动态节点引入贝叶斯网络，应用贝叶斯网络模型推理算法对多态系统的模糊动态可靠度及根节点的模糊动态重要度进行分析建模、仿真计算，以实现多态系统的模糊动态可靠性分析。最后通过选择某一案例，对本章所提方法的可行性进行验证。

### 3.2.2　模糊动态贝叶斯网络模型节点描述

1. 模糊数

在实际过程中，由于环境等不确定性因素而使系统或部件在运行过程中的故障状态一般无法精准获得，即其失效形式表现为不同层次的随机性和模糊性。因此，在传统贝叶斯网络模型对系统可靠性分析中，仅用 0（正常）和 1（失效）两种状态或其他精确值表示其故障状态的方法已不适用，而需要用模糊数代替精确值来描述节点的故障状态。

设系统中共有 $n$ 个基本事件，并用贝叶斯网络模型的根节点表示，记为 $x_i\,(i=1,2,\cdots,n)$；系统自身的状态用贝叶斯网络模型中的叶节点表示，记为 $T$；系统中的其他事件（设共 $m$ 个）用贝叶斯网络模型中的中间节点表示，记为 $y_j\,(j=1,2,\cdots,m)$。因此，根节点、中间节点和叶节点的故障状态对应的模糊数分别由 $x_i^{a_i}\,(a_i=1,2,\cdots,k_i)$、$y_j^{b_j}\,(b_j=1,2,\cdots,m_j)$ 和 $T_q\,(q=1,2,\cdots,\xi)$ 表示，其中 $k_i$、$m_j$ 和 $\xi$ 分别表示相应节点的故障状态个数。

对于根节点故障状态的模糊数 $x_i^{a_i}$，通常由参照函数 $L$、$R$ 描述，即若有

$$\mu_{x_i^{a_i}}(x)=\begin{cases}L\left(\dfrac{m-x}{\alpha}\right), & x\leqslant m,\ \ \alpha>0\\ R\left(\dfrac{x-m}{\beta}\right), & x>m,\ \ \beta>0\end{cases} \tag{3-1}$$

则称模糊数 $x_i^{a_i}$ 为 $L$-$R$ 型模糊数，并记 $x_i^{a_i}=(m.\alpha,\beta)_{LR}$，其中 $m$ 为 $x_i^{a_i}$ 的均值，$\alpha$、$\beta$ 分别为 $\tilde{P}$ 的置信上、下限，$\mu_{x_i^{a_i}}(x)$ 为模糊数 $x_i^{a_i}$ 的隶属函数。若 $\alpha$、$\beta$ 均等于 0，则 $x_i^{a_i}$ 为非模糊数，即精确值。$\alpha$、$\beta$ 分布越大，$x_i^{a_i}$ 就越模糊[13]。$\alpha$、$\beta$ 可根据模糊性、经验和统计数据选取。

2. 模糊动态子集

正常情况下，系统或部件在某一故障状态下发生失效的概率会随着工作时间的延长而增加，即表现为动态性。因此，在对系统或部件进行可靠性分析过程中，当考虑到失效概率的动态性时，需要获取足够的系统或部件失效数据，并对该数据进行全面分析，以准确得到失效概率与工作时间之间的关系；而在实际过程中，获得的系统或部件的失效概率数据往往是离散的，很难用确定的函数对其失效概率随时间变化的关系进行准确表达。图 3-1 为对某型号传动轴承失效概率的数学统计[14]，图中两条不规则曲线分别表示在实验一和实验二中同一型号的传动轴承的失效概率的统计曲线。由图 3-1 中的统计结果可以看出，传动轴承失效概率数据在某一区间范围内呈现不规则的离散增长，很难对失效概率与时间变化之间的关系用某一确定函数来准确描述；但又不难看出，两条失效概率曲线的变化范围始终处于两条确定的直线之间，即始终在某一区间范围内变化。在工程实际中，对于大多数机械零部件来说，在其失效的早期阶段都会出现上述特征。因此，本章定义图 3-1 中的上、下两条直线分别为系统或部件失效概率随时间变化区间的上、下限变量，在任意运行时刻下系统或部件的失效概率均在该上、下限区间范围内变化。

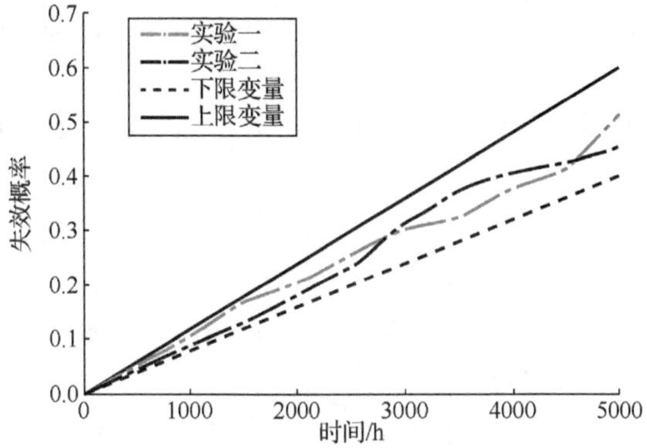


图 3-1　某型号传动轴承失效概率

任意 $t$ 时刻，系统或部件失效概率的变化区间通常由模糊子集表示。对于模糊子集的定义，Zadeh 早在 1965 年就进行了详述，即：设 $U$ 是论域，称映射 $A(x):U\rightarrow[0,1]$ 确定了一个 $U$ 上的模糊子集 $\boldsymbol{A}$，映射 $A(x)$ 称为 $\boldsymbol{A}$ 的隶属函数，它表示 $x$ 对 $\boldsymbol{A}$ 的隶属程度。使 $A(x)=0.5$，点 $x$ 称为 $\boldsymbol{A}$ 的过渡点，该点最具模糊性。在不混淆的情况下，模糊子集也称为模糊集或模糊集合。

$L$ - $R$ 型模糊子集的隶属函数包括线性分布隶属函数和非线性分布隶属函数两种形式，其中，线性分布隶属函数包括三角形隶属函数、梯形隶属函数等类型，非线性隶属函数包括正态分布型隶属函数、对数正态分布型隶属函数等。由于三角形隶属函数相较于其他隶属函数具有运算简便、效率高等优势，应用广泛，且如上述分析中失效概率呈线性分布，因此本章采用三角形隶属函数表述任意 $t$ 时刻时各根节点的失效概率，如图 3-2 所示。

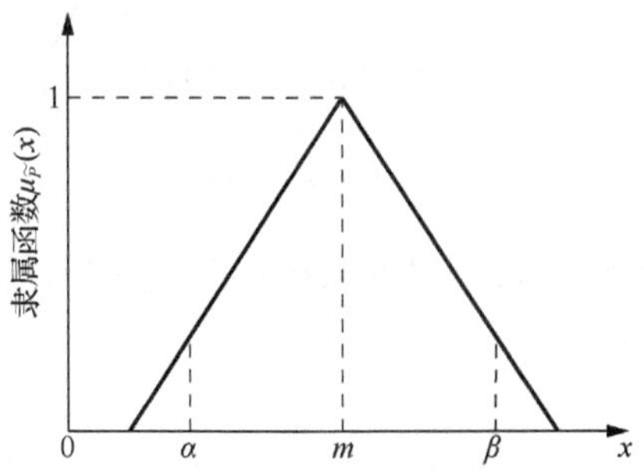


图 3-2　三角形隶属函数

其中，模糊数 $\tilde{P}$ 的参照函数为

$$\begin{cases} L\left(\dfrac{m-x}{\alpha}\right)=\max\left(0,1-\dfrac{m-x}{\alpha}\right), & x\leqslant m, \quad \alpha>0 \\ R\left(\dfrac{x-m}{\beta}\right)=\max\left(0,1-\dfrac{x-m}{\beta}\right), & x>m, \quad \beta>0 \end{cases} \tag{3-2}$$

对应的隶属函数为

$$\mu_{\tilde{P}}(x)=\begin{cases} 0, & x<m-\alpha \\ 1-\dfrac{m-x}{\alpha}, & m-\alpha\leqslant x\leqslant m \\ 1-\dfrac{x-m}{\beta}, & m<x\leqslant m+\beta \\ 0, & x>m+\beta \end{cases} \tag{3-3}$$

为方便描述，令 $m-\alpha=a$ ，$m+\beta=b$ ，可将模糊数 $\tilde{P}$ 表示为 $\tilde{P}=(a,m,b)$ ，其中 $a$ 、$b$ 分别为模糊数的上、下限。在给定某一截集 $\lambda(0\leqslant\lambda\leqslant1)$ 时，该模糊数 $\tilde{P}$ 的 $\lambda$ 截集为一区间数，且有

$$\tilde{P}_\lambda=[a+\alpha\lambda,b-\beta\lambda]=[L_{\tilde{P}}^\lambda,R_{\tilde{P}}^\lambda] \tag{3-4}$$

如图 3-3 所示，其中 $L_{\tilde{P}}^\lambda$ 、$R_{\tilde{P}}^\lambda$ 分别为模糊数的上、下限。

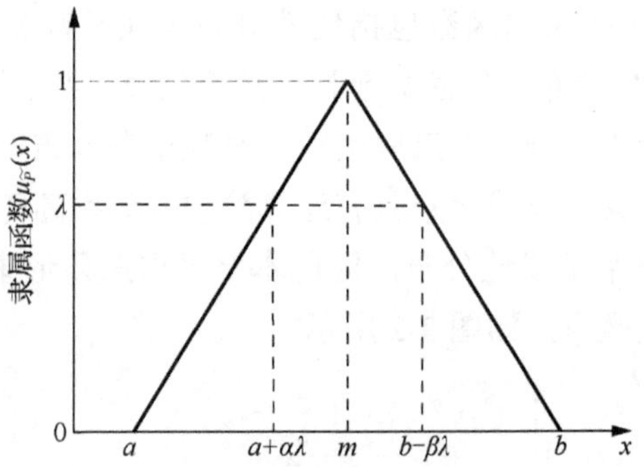


图 3-3　模糊数 $\tilde{P}$ 的 $\lambda$ 截集

设 $\tilde{P}_1$ 、$\tilde{P}_2$ 均为三角模糊数，根据模糊集扩张原理，对 $\forall\lambda\in[0,1]$ 有以下运算法则。

1）加法：

$$\tilde{P}_{1\lambda}+\tilde{P}_{2\lambda}=[L_{\tilde{P}_1}^\lambda,R_{\tilde{P}_1}^\lambda]+[L_{\tilde{P}_2}^\lambda,R_{\tilde{P}_2}^\lambda]=[L_{\tilde{P}_1}^\lambda+L_{\tilde{P}_2}^\lambda,R_{\tilde{P}_1}^\lambda+R_{\tilde{P}_2}^\lambda]$$

2）减法：

$$\tilde{P}_{1\lambda}-\tilde{P}_{2\lambda}=[L_{\tilde{P}_1}^\lambda,R_{\tilde{P}_1}^\lambda]-[L_{\tilde{P}_2}^\lambda,R_{\tilde{P}_2}^\lambda]=[L_{\tilde{P}_1}^\lambda-L_{\tilde{P}_2}^\lambda,R_{\tilde{P}_1}^\lambda-R_{\tilde{P}_2}^\lambda]$$

3）乘法：

$$\tilde{P}_{1\lambda}\times\tilde{P}_{2\lambda}=[L_{\tilde{P}_1}^{\lambda},R_{\tilde{P}_1}^{\lambda}]\times[L_{\tilde{P}_2}^{\lambda},R_{\tilde{P}_2}^{\lambda}]=[L_{\tilde{P}_1}^{\lambda}\times L_{\tilde{P}_2}^{\lambda},R_{\tilde{P}_1}^{\lambda}\times R_{\tilde{P}_2}^{\lambda}]$$

4）除法：

$$\tilde{P}_{1\lambda}/\tilde{P}_{2\lambda}=[L_{\tilde{P}_1}^{\lambda},R_{\tilde{P}_1}^{\lambda}]/[L_{\tilde{P}_2}^{\lambda},R_{\tilde{P}_2}^{\lambda}]=[L_{\tilde{P}_1}^{\lambda}/L_{\tilde{P}_2}^{\lambda},R_{\tilde{P}_1}^{\lambda}/R_{\tilde{P}_2}^{\lambda}]$$

假设在任意 $t$ 时刻根节点 $x_i$ 故障状态为 $x_i^{a_i}$ 时的失效概率模糊动态子集为

$$\tilde{P}_{x_i^{a_i}}(t)=[\tilde{P}_{x_i^{a_i}}^{l}(t),\tilde{P}_{x_i^{a_i}}^{m}(t),\tilde{P}_{x_i^{a_i}}^{r}(t)] \tag{3-5}$$

且

$$\begin{cases}\tilde{P}_{x_i^{a_i}}^{l}(t)=a_{x_i^{a_i}}^{l}+b_{x_i^{a_i}}^{l}t\\ \tilde{P}_{x_i^{a_i}}^{m}(t)=a_{x_i^{a_i}}^{m}+b_{x_i^{a_i}}^{m}t\\ \tilde{P}_{x_i^{a_i}}^{r}(t)=a_{x_i^{a_i}}^{r}+b_{x_i^{a_i}}^{r}t\end{cases} \tag{3-6}$$

式中，$\tilde{P}_{x_i^{a_i}}^{l}(t)$、$\tilde{P}_{x_i^{a_i}}^{m}(t)$ 和 $\tilde{P}_{x_i^{a_i}}^{r}(t)$ 分别为模糊动态子集的下界函数、中心变量函数和上界函数；$a_{x_i^{a_i}}^{l}$、$a_{x_i^{a_i}}^{m}$、$a_{x_i^{a_i}}^{r}$、$b_{x_i^{a_i}}^{l}$、$b_{x_i^{a_i}}^{m}$、$b_{x_i^{a_i}}^{r}$ 均为常数。

当 $t=0$ 时，$\tilde{P}_{x_i^{a_i}}(t=0)=(a_{x_i^{a_i}}^{l},a_{x_i^{a_i}}^{m},a_{x_i^{a_i}}^{r})$ 表示初始时刻节点 $x_i$ 故障状态为 $x_i^{a_i}$ 时的失效概率模糊子集；$\tilde{P}_{x_i^{a_i}}^{m}(t)-\tilde{P}_{x_i^{a_i}}^{l}(t)$ 和 $\tilde{P}_{x_i^{a_i}}^{r}(t)-\tilde{P}_{x_i^{a_i}}^{m}(t)$ 分别表示模糊动态子集的左模糊区域和右模糊区域，且随着左、右模糊区域的增大，模糊数的模糊程度也越来越高；当 $\tilde{P}_{x_i^{a_i}}^{l}(t)=\tilde{P}_{x_i^{a_i}}^{m}(t)=\tilde{P}_{x_i^{a_i}}^{r}(t)$ 时，模糊动态子集表现为一准确值，为根节点各故障状态下的失效概率模糊动态子集的一种特殊形式[13]。

令 $\tilde{P}_{x_i^{a_i}}^{m}(t)-\tilde{P}_{x_i^{a_i}}^{l}(t)=\alpha$、$\tilde{P}_{x_i^{a_i}}^{r}(t)-\tilde{P}_{x_i^{a_i}}^{m}(t)=\beta$，由三角形隶属函数可得任意 $t$ 时刻下根节点 $x_i$ 故障状态为 $x_i^{a_i}$ 时的失效概率模糊动态子集 $\tilde{P}_{x_i^{a_i}}(t)$ 的参照函数，如下：

$$\begin{cases}L\left(\dfrac{\tilde{P}_{x_i^{a_i}}^{m}(t)-x}{\alpha}\right)=\max\left(0,1-\dfrac{\tilde{P}_{x_i^{a_i}}^{m}(t)-x}{\alpha}\right), & x\leqslant\tilde{P}_{x_i^{a_i}}^{m}(t)\\ R\left(\dfrac{x-\tilde{P}_{x_i^{a_i}}^{m}(t)}{\beta}\right)=\max\left(0,1-\dfrac{x-\tilde{P}_{x_i^{a_i}}^{m}(t)}{\beta}\right), & x>\tilde{P}_{x_i^{a_i}}^{m}(t)\end{cases} \tag{3-7}$$

对应的隶属函数如图 3-4 所示，且

$$\mu_{\tilde{P}_{x_i^{a_i}}(t)}(x)=\begin{cases}0, & x<\tilde{P}^l_{x_i^{a_i}}(t)\\ 1-\dfrac{\tilde{P}^m_{x_i^{a_i}}(t)-x}{\alpha}, & \tilde{P}^l_{x_i^{a_i}}(t)\leqslant x\leqslant \tilde{P}^m_{x_i^{a_i}}(t)\\ 1-\dfrac{x-\tilde{P}^m_{x_i^{a_i}}(t)}{\beta}, & \tilde{P}^m_{x_i^{a_i}}(t)<x\leqslant \tilde{P}^r_{x_i^{a_i}}(t)\\ 0, & x>\tilde{P}^r_{x_i^{a_i}}(t)\end{cases} \tag{3-8}$$

式中，$x$ 为根节点在任意 $t$ 时刻的失效概率。

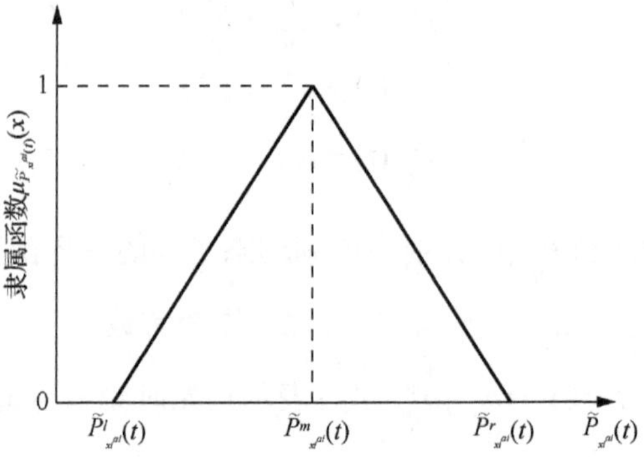


图 3-4　根节点失效概率的隶属函数

根据根节点 $x_i$ 在任意 $t$ 时刻时的失效概率随时间变化的特点，结合动态模糊子集的三角型隶属函数，可得到描述根节点失效概率随时间 $t$ 变化关系的动态模糊子集 $P_{x_i^{a_i}}(t)$，如图 3-5 所示。

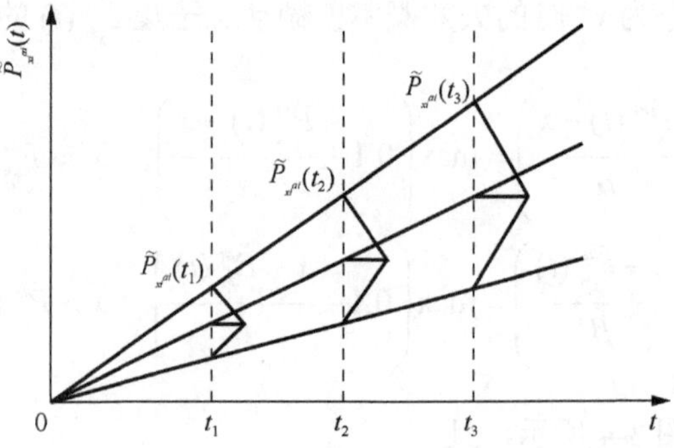


图 3-5　根节点失效概率随时间的变化关系

### 3.2.3　模糊动态贝叶斯网络模型节点可靠性分析

用贝叶斯网络模型根节点表达系统内部所有的基本事件，记作 $x_i(i=1,2,\cdots,n)$；系统自身的状态用叶节点 $T$ 表示，而各个相应的节点故障状态用模糊数 $x_i^{k_i}$、$y_j^{m_j}$、$T_q$ 描述。由 3.2.2 小节可知，在任意 $t$ 时刻，贝叶斯网络模型根节点在各故障状态下的失效概率动态模糊子集为 $P_{x_i^{a_i}}(t)$，利用贝叶斯网络推理算法，可得到贝叶斯网络模型叶节点 $T$ 故障状态为 $T_q$ 时的动态模糊失效概率为

$$\begin{aligned}\tilde{P}_{T=T_q}(t) &= \sum_{x_1,\cdots,x_n;y_1,\cdots,y_m} \tilde{P}(x_1,\cdots,x_n;y_1,\cdots,y_m;T=T_q) \\ &= \sum_{\lambda(T)} \tilde{P}[T=T_q \mid \lambda(T)] \times \sum_{\lambda(y_1)} \tilde{P}[y_1 \mid \lambda(y_1)] \times \cdots \\ &\quad \times \sum_{\lambda(y_m)} \tilde{P}[y_m \mid \lambda(y_m)] \times \tilde{P}_{x_1^{a_1}}(t) \times \cdots \times \tilde{P}_{x_n^{a_n}}(t)\end{aligned} \tag{3-9}$$

式中，$\lambda(T)$ 为叶节点 $T$ 的所有父节点的集合；$\lambda(y_1)$ 为中间节点 $y_1$ 所有父节点的集合；$\tilde{P}_{x_i^{a_i}}(t)(i=1,2,\cdots,n)$ 为任意 $t$ 时刻根节点 $x_i$ 故障状态为 $x_i^{a_i}$ 的失效概率。

### 3.2.4　模糊动态贝叶斯网络模型根节点重要度分析

在贝叶斯网络模型中，重要度定量地反映了根节点发生故障时对叶节点的综合贡献大小，即部件故障对整个系统故障的影响程度，是可靠性工程中的一个重要概念[12]。对贝叶斯网络模型根节点重要度进行分析，可以进一步指导系统的设计、可靠性预测和分配及故障诊断等。利用贝叶斯网络模型推理算法，可得到根节点模糊重要度。

贝叶斯网络模型根节点模糊重要度用来描述每个根节点（部件）在经历所有故障状态时其故障率模糊动态子集对叶节点（系统）处于某一故障状态的平均影响程度，同时也是在叶节点处于确定的故障状态且根节点处于不同的故障状态时重要度的综合评价。已知根节点 $x_i\,(i=1,2,\cdots,n)$ 故障状态为 $x_i^{a_i}$，则该故障状态对叶节点 $T$ 在故障状态为 $T_q$ 时的模糊动态重要度 $I_{ia_i}^{Fu}(t)$ 为

$$\begin{aligned}I_{ia_i}^{Fu}(t) &= E[\tilde{P}(T=T_q \mid x_i = x_i^{a_i}) - \tilde{P}(T=T_q \mid x_i = 0)] \\ &= \frac{\int_0^1 x \cdot \mu_{\tilde{P}_{ia_i,T_q}}(t)\mathrm{d}x}{\int_0^1 \mu_{\tilde{P}_{ia_i,T_q}}(t)\mathrm{d}x} - \frac{\int_0^1 x \cdot \mu_{\tilde{P}_{ia_i,0}}(t)\mathrm{d}x}{\int_0^1 \mu_{\tilde{P}_{ia_i,0}}(t)\mathrm{d}x}\end{aligned} \tag{3-10}$$

式中，$\tilde{P}(T=T_q \mid x_i = x_i^{a_i})$ 为在根节点 $x_i$ 故障状态为 $x_i^{a_i}$ 条件下叶节点 $T$ 在故障状态

为$T_q$时的模糊动态子集；$\tilde{P}(T=T_q\left|x_i=0\right.)$为根节点$x_i$故障状态为 0，即在正常工作状态条件下叶节点$T$在故障状态为$T_q$时的模糊动态子集。

式（3-10）中，两个积分项分别表示模糊动态子集$\tilde{P}(T=T_q\left|x_i=x_i^{a_i}\right.)$和$\tilde{P}(T=T_q\left|x_i=0\right.)$的重心值，将模糊动态子集转化为精确值。

根节点$x_i\,(i=1,2,\cdots,n)$对叶节点$T$在故障状态为$T_q$时的模糊动态重要度为

$$I_i^{Fu}(t)=\frac{\sum_{a_i=1}^{k_i} I_{ia_i}^{Fu}(t)}{z} \tag{3-11}$$

式中，$z=k_i-1$，为根节点$x_i$非零的故障状态数。

由式（3-11）可以看出，贝叶斯网络模型根节点的模糊动态重要度$I_i^{Fu}(t)$反映的是在任意$t$时刻根节点$x_i$故障状态从 0 到 1 逐步变化过程中，其所有故障状态对叶节点$T$在故障状态为$T_q$时的重要度的平均值。

## 3.3 案 例 分 析

### 3.3.1 提梁机卷扬系统介绍

提梁机是一种专门用于高速铁路桥梁建设中预制箱梁调运、存放、移位等工作的高技术工程机械设备，主要由卷扬系统、驱动系统、转向系统及悬挂系统等部分组成[14]。其中，为便于各卷筒卷扬高度的同步控制，提梁机卷扬系统往往采用开式液压回路，利用变量泵对其转向系统、悬挂系统共同供油，扭矩通过电液比例变量液压马达输出，最后通过行星减速机减速后驱动卷扬筒系统中的卷筒旋转，以完成预制箱梁的升降动作。

如图 3-6 所示，提梁机卷扬系统主要由机械系统、液压系统和控制系统三大部分组成。其中，机械系统包括行星减速机、钳盘式制动器和卷扬筒系统，是卷扬系统的执行装置；液压系统主要包括 LRDS 变量泵、多路阀、液压马达和平衡阀等，为卷扬系统提供液压动力；控制系统主要包括控制计算机和传感器系统，控制机械系统和液压系统的正常工作。作为提梁机在提梁过程中的最主要工作部分，卷扬系统的可靠程度直接关系到整个提梁机设备的安全性和稳定性，因此对提梁机卷扬系统的可靠性进行分析具有重要的现实意义[15]。

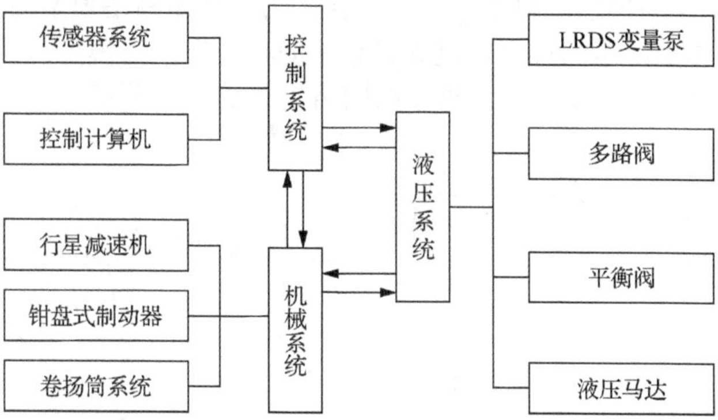


图 3-6　提梁机卷扬系统工作原理

### 3.3.2　提梁机卷扬系统贝叶斯网络模型

为分析提梁机卷扬系统的动态模糊可靠性，以提梁机卷扬系统为顶事件，构造图 3-7 所示的故障树模型，其基本事件和中间事件名称如表 3-1 所示。

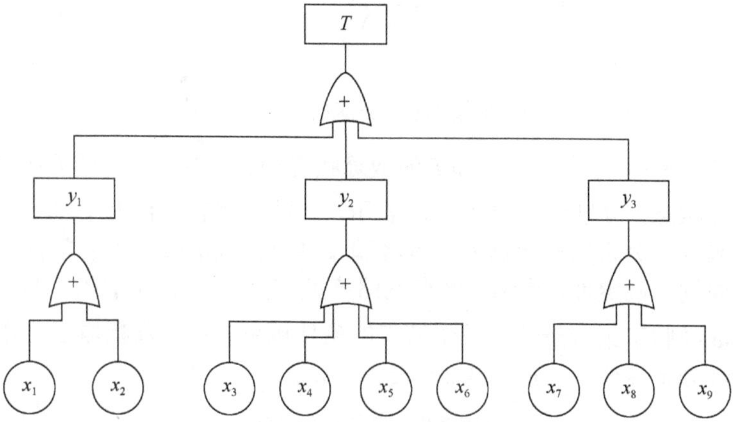


图 3-7　提梁机卷扬系统故障树模型

**表 3-1　基本事件和中间事件名称**

| 符号 | 名称 | 符号 | 名称 |
|---|---|---|---|
| $x_1$ | 传感器系统 | $x_7$ | 行星减速机 |
| $x_2$ | 控制计算机 | $x_8$ | 钳盘式制动器 |
| $x_3$ | LRDS 变量泵 | $x_9$ | 卷扬筒系统 |
| $x_4$ | 多路阀 | $y_1$ | 控制系统 |
| $x_5$ | 平衡阀 | $y_2$ | 液压系统 |
| $x_6$ | 液压马达 | $y_3$ | 机械系统 |

根据文献[16]中描述的将故障树模型转化为贝叶斯网络模型的方法，由图 3-7 就可以得到图 3-8 所示的该提梁机卷扬系统的贝叶斯网络模型。其中，$T$ 为贝叶斯网络模型的叶节点，$y_1 \sim y_3$ 为贝叶斯网络模型的中间节点，$x_1 \sim x_9$ 为贝叶斯网络模型的根节点。

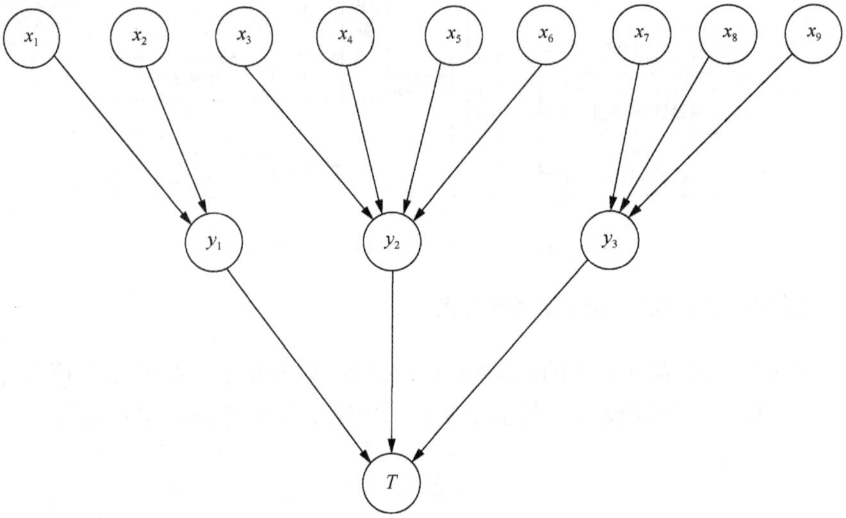


图 3-8　提梁机卷扬系统的贝叶斯网络模型

假设节点 $x_1 \sim x_9$、$y_1 \sim y_3$ 和 $T$ 的故障状态均表现为三态，即无故障、半故障和完全故障状态，分别用 0、0.5 和 1 表示，即故障状态集合为（0,0.5,1）。结合三角形隶属函数，分析历史数据和专家经验，考虑到实际情况下各部件之间故障逻辑关系的模糊不确定性，得到贝叶斯网络模型节点 $y_1 \sim y_3$ 和 $T$ 的 CPT，描述在父节点不同故障状态集合条件下各子节点的条件概率。由于篇幅原因，本节中只列出节点的部分条件概率，如表 3-2～表 3-5 所示。

**表 3-2　节点 $y_1$ 的 CPT**

| $x_1$ | $x_2$ | $P(y_1 = 0 \mid x_1, x_2)$ | $P(y_1 = 0.5 \mid x_1, x_2)$ | $P(y_1 = 1 \mid x_1, x_2)$ |
|---|---|---|---|---|
| 0 | 0 | 1 | 0 | 0 |
| 0 | 0.5 | 0.2 | 0.3 | 0.5 |
| 0 | 1 | 0 | 0 | 1 |
| 0.5 | 0 | 0.2 | 0.4 | 0.4 |
| 0.5 | 0.5 | 0.1 | 0.3 | 0.6 |
| 0.5 | 1 | 0 | 0 | 1 |
| 1 | 0 | 0 | 0 | 1 |
| 1 | 0.5 | 0 | 0 | 1 |
| 1 | 1 | 0 | 0 | 1 |

表 3-3　节点 $y_2$ 的 CPT

| $x_3$ | $x_4$ | $x_5$ | $x_6$ | $P(y_2=0\|x_3,x_4,x_5,x_6)$ | $P(y_2=0.5\|x_3,x_4,x_5,x_6)$ | $P(y_2=1\|x_3,x_4,x_5,x_6)$ |
|---|---|---|---|---|---|---|
| 0 | 0 | 0 | 0 | 1 | 0 | 0 |
| 0 | 0 | 0 | 0.5 | 0.4 | 0.3 | 0.3 |
| 0 | 0 | 0 | 1 | 0.2 | 0.2 | 0.6 |
| 0 | 0 | 0.5 | 0 | 0.2 | 0.5 | 0.3 |
| ⋮ | ⋮ | ⋮ | ⋮ | ⋮ | ⋮ | ⋮ |
| 1 | 1 | 0.5 | 1 | 0 | 0 | 1 |
| 1 | 1 | 1 | 0 | 0 | 0 | 1 |
| 1 | 1 | 1 | 0.5 | 0 | 0 | 1 |
| 1 | 1 | 1 | 1 | 0 | 0 | 1 |

表 3-4　节点 $y_3$ 的 CPT

| $x_7$ | $x_8$ | $x_9$ | $P(y_3=0\|x_7,x_8,x_9)$ | $P(y_3=0.5\|x_7,x_8,x_9)$ | $P(y_3=1\|x_7,x_8,x_9)$ |
|---|---|---|---|---|---|
| 0 | 0 | 0 | 1 | 0 | 0 |
| 0 | 0 | 0.5 | 0.4 | 0.5 | 0.1 |
| 0 | 0 | 1 | 0.2 | 0.2 | 0.6 |
| 0 | 0.5 | 0 | 0.3 | 0.5 | 0.2 |
| ⋮ | ⋮ | ⋮ | ⋮ | ⋮ | ⋮ |
| 1 | 0.5 | 1 | 0 | 0 | 1 |
| 1 | 1 | 0 | 0 | 0 | 1 |
| 1 | 1 | 0.5 | 0 | 0 | 1 |
| 1 | 1 | 1 | 0 | 0 | 1 |

表 3-5　节点 $T$ 的 CPT

| $y_1$ | $y_2$ | $y_3$ | $P(T=0\|y_1,y_2,y_3)$ | $P(T=0.5\|y_1,y_2,y_3)$ | $P(T=1\|y_1,y_2,y_3)$ |
|---|---|---|---|---|---|
| 0 | 0 | 0 | 1 | 0 | 0 |
| 0 | 0 | 0.5 | 0.3 | 0.4 | 0.3 |
| 0 | 0 | 1 | 0 | 0 | 1 |
| 0 | 0.5 | 0 | 0.2 | 0.3 | 0.5 |
| ⋮ | ⋮ | ⋮ | ⋮ | ⋮ | ⋮ |
| 1 | 0.5 | 1 | 0 | 0 | 1 |
| 1 | 1 | 0 | 0 | 0 | 1 |
| 1 | 1 | 0.5 | 0 | 0 | 1 |
| 1 | 1 | 1 | 0 | 0 | 1 |

表 3-2～表 3-5 描述的是在不同故障组合状态条件下父节点处各节点的条件概率。

### 3.3.3 提梁机卷扬系统故障可能性分析

提梁机卷扬系统各零部件的工作环境及自身性能等都存在一定的差异，进而使得其各个故障状态的失效概率可能会随着工作时间的变化而表现出不同的变化规律。结合模糊集合理论及对历史数据的详细分析，得到表 3-6 所示的提梁机卷扬系统贝叶斯网络模型中各根节点 $x_i$ 的故障状态为 1（失效状态）时的失效可能性模糊动态子集，并设根节点 $x_i$ 故障状态为 0.5（退化状态）时的失效可能性模糊动态子集与为 1 时的相同。

**表 3-6　贝叶斯网络模型根节点故障状态为 1 时的失效可能性模糊动态子集**

| 根节点 $x_i$ | 失效可能性模糊动态子集 $\times(10^{-6}/\mathrm{h})$ |
|---|---|
| $x_1$ | $\{12.5+10t, 13.5+12t, 14.5+14t\}$ |
| $x_2$ | $\{6.5+6t, 7.5+7t, 8.5+8t\}$ |
| $x_3$ | $\{9+10t, 10+11t, 11+12t\}$ |
| $x_4$ | $\{24+20t, 25+25t, 26+30t\}$ |
| $x_5$ | $\{1.14+t, 2.14+2t, 3.14+3t\}$ |
| $x_6$ | $\{0.007+0.004t, 0.008+0.006t, 0.009+0.008t\}$ |
| $x_7$ | $\{0.7+1.2t, 1.7+2.2t, 2.7+3.2t\}$ |
| $x_8$ | $\{0.004+0.003t, 0.005+0.004t, 0.006+0.005t\}$ |
| $x_9$ | $\{8.4+6t, 9.4+7t, 10.4+8t\}$ |

根据表 3-2～表 3-5，并利用式（3-9），可求得任意 $t$ 时刻叶节点 $T$ 故障状态为 1 时的失效可能性模糊动态子集为

$$
\begin{aligned}
\tilde{P}_{T=1}(t) &= \sum_{x_1,\cdots,x_9;y_1,\cdots,y_3} \tilde{P}(x_1,\cdots,x_9;y_1,\cdots,y_3;T=1) \\
&= \sum_{y_1,\cdots,y_3} \tilde{P}(T=1|y_1,\cdots,y_3) \times \sum_{x_1,x_2} \tilde{P}(y_1|x_1,x_2) \times \cdots \\
&\quad \times \sum_{x_3,x_4,x_5,x_6} \tilde{P}(y_2|x_3,x_4,x_5,x_6) \\
&\quad \times \sum_{x_7,x_8,x_9} \tilde{P}(y_3|x_7,x_8,x_9) \\
&\quad \times \tilde{P}_{x_1^{a1}}(t) \times \cdots \times \tilde{P}_{x_9^{a9}}(t)
\end{aligned}
$$

利用 MATLAB 编程仿真，可得到该分析方法所求系统失效概率及其与故障树分析方法所求失效概率的对比关系，如图 3-9 所示。

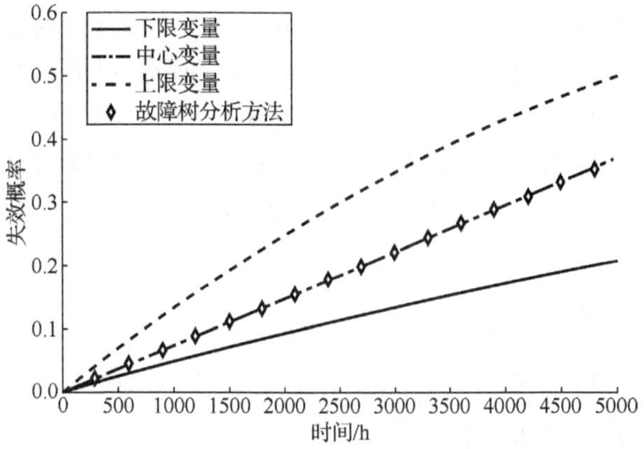


图 3-9　任意 $t$ 时刻叶节点 $T$ 故障状态为 1 时的失效概率

同理，可得任意 $t$ 时刻叶节点 $T$ 故障状态为 0.5 时的失效可能性模糊动态子集为

$$
\begin{aligned}
\tilde{P}_{T=0.5}(t) &= \sum_{x_1,\cdots,x_9;y_1,\cdots,y_3} \tilde{P}(x_1,\cdots,x_9;y_1,\cdots,y_3;T=0.5) \\
&= \sum_{y_1,\cdots,y_3} \tilde{P}(T=0.5|y_1,\cdots,y_3) \times \sum_{x_1,x_2} \tilde{P}(y_1|x_1,x_2) \times \cdots \\
&\quad \times \sum_{x_3,x_4,x_5,x_6} \tilde{P}(y_2|x_3,x_4,x_5,x_6) \\
&\quad \times \sum_{x_7,x_8,x_9} \tilde{P}(y_3|x_7,x_8,x_9) \\
&\quad \times \tilde{P}_{x_1^{a_1}}(t) \times \cdots \times \tilde{P}_{x_9^{a_9}}(t)
\end{aligned}
$$

运用该分析方法所求系统失效概率及其与故障树分析方法所求失效概率的对比关系如图 3-10 所示。

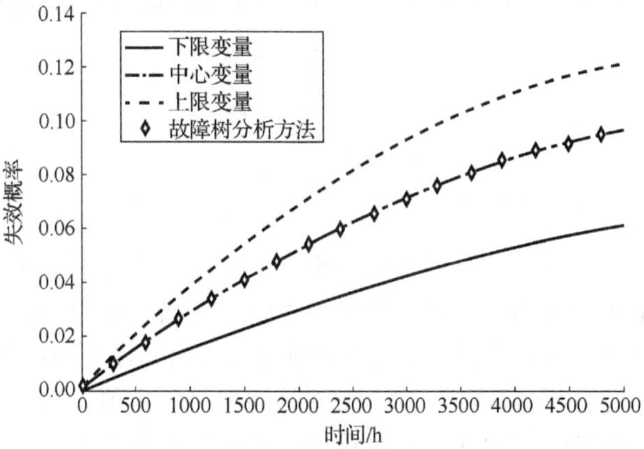


图 3-10　任意 $t$ 时刻叶节点 $T$ 故障状态为 0.5 时的失效概率

从系统动态失效的可能性情况分析中可得出：叶节点模糊动态可能性分析方法的分析结果中包含上限变量、中心变量和下限变量的模糊动态子集，然而故障树分析方法所得的计算结果是一条与中心变量重合的曲线。在已知信息数据足够充分的情况下，故障逻辑关系清楚且简单的系统可选用故障树分析方法；而对于已知故障信息匮乏，且故障逻辑关系不能确定的复杂系统，本章所提方法更加合适。

### 3.3.4 提梁机卷扬系统重要度分析

由式（3-10）可得，根节点 $x_1$ 的故障状态为 1 时其对叶节点 $T$ 的故障状态为 1 时的模糊动态重要度 $I_{1,1}^{Fu}(t)$ 为

$$I_{1,1}^{Fu}(t)=E[\tilde{P}(T=1|x_1=1)-\tilde{P}(T=1|x_1=0)]$$
$$=\frac{\int_0^1 x\cdot\mu_{\tilde{P}_{11,1}}(t)\mathrm{d}x}{\int_0^1 \mu_{\tilde{P}_{11,1}}(t)\mathrm{d}x}-\frac{\int_0^1 x\cdot\mu_{\tilde{P}_{11,0}}(t)\mathrm{d}x}{\int_0^1 \mu_{\tilde{P}_{11,0}}(t)\mathrm{d}x}$$

同理，可得到根节点 $x_1$ 故障状态为 0.5 时其对叶节点 $T$ 在故障状态为 1 时的模糊动态重要度 $I_{1,0.5}^{Fu}(t)$ 为

$$I_{1,0.5}^{Fu}(t)=E[\tilde{P}(T=1|x_1=0.5)-\tilde{P}(T=1|x_1=0)]$$
$$=\frac{\int_0^1 x\cdot\mu_{\tilde{P}_{1,0.5,1}}(t)\mathrm{d}x}{\int_0^1 \mu_{\tilde{P}_{1,0.5,1}}(t)\mathrm{d}x}-\frac{\int_0^1 x\cdot\mu_{\tilde{P}_{1,0.5,0}}(t)\mathrm{d}x}{\int_0^1 \mu_{\tilde{P}_{1,0.5,0}}(t)\mathrm{d}x}$$

由式（3-11）可得，根节点 $x_1$ 对叶节点 $T$ 在故障状态为 1 时的模糊动态重要度为

$$I_1^{Fu}(t)=\frac{\sum_{a_1=1}^{3} I_{1a_1}^{Fu}(t)}{2}$$

结果如图 3-11 所示。

从系统模糊动态重要度分析可以得出，采用本章提出的系统模糊动态重要度分析方法对提梁机卷扬系统中部件的重要度进行分析，可以得到一条随工作时间变化的部件重要度曲线；而利用 T-S 模糊重要度分析方法[6-7]对提梁机卷扬系统中部件的重要度进行分析，只能得到一个与时间无关的定值。当部件的重要度随时间变化较小时，所得结果与 T-S 模糊重要度分析结果相比误差较小，由于 T-S 模糊重要度计算方法简单，因此可以用 T-S 模糊重要度分析方法近似计算；而当部

件的重要度随时间变化较大时，如果用 T-S 模糊重要度分析方法近似计算，所得结果将会存在很大的误差，甚至错误。

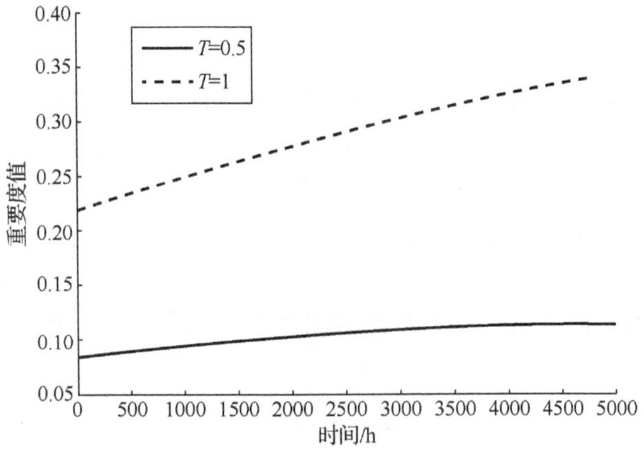


图 3-11　根节点 $x_1$ 对叶节点 $T$ 在故障状态为 0.5 和 1 时的模糊动态重要度

本章方法能够考虑现实多态系统及信息模糊性与动态性的模糊动态可靠性分析，与现有的系统可靠性分析方法相比，能够更加充分地利用现有信息，分析结果更接近实际情况，减小误差，消除错误，从而在方法上提高分析的客观性。

### 3.3.5　结果分析

由于 T-S 模糊重要度主要是基于失效概率在不随时间变化的模糊子集基础上进行计算的，且其具有处理模糊信息的能力，因此所得结果是一个与时间无关的定常量；而贝叶斯网络模型模糊重要度对系统模糊动态性进行分析，其结果是得到了一条反映部件重要度随工作时间的变化而变化的曲线。从图 3-11 中可以看出，用本章中所提方法求得的根节点 $x_1$ 对叶节点 $T$ 故障状态为 0.5 的动态模糊重要度趋近于一个定值，这与用 T-S 模糊重要度求解方法所求得的结果相比误差更小，但是由于 T-S 模糊重要度计算方法简单，因此仍可以用 T-S 模糊重要度分析方法近似计算；而根节点 $x_1$ 对叶节点 $T$ 故障状态为 1 的动态模糊重要度是一条变化很大的曲线，故不能用 T-S 模糊重要度分析方法进行计算。

由叶节点失效可能性模糊子集可以看出，本章所提方法的计算结果为随时间不断变化的区间，而利用故障树计算结果为不随时间变化的曲线，对于大型系统，信息的模糊性是不可忽略的重要因素，与故障树分析方法相比，上述所提方法可更大程度地体现信息的完整性；文中计算得到的根节点各故障模糊的重要度为随时间变化的曲线，反映了系统中各部件随运行时间增加对系统各故障状态发生的变化，对于重要度随时间变化较大的部件，考虑动态性更能体现结果的客观性。

# 本 章 小 结

本章将线性函数引入贝叶斯网络模型中，实现了根节点模糊子集的构建，建立了根节点故障状态失效可能性的模糊动态子集，描述根节点失效概率与其工作时间之间的变化关系，对故障信息中的模糊性与动态性进行了综合考虑；模糊多态 CPT 对多态系统中部件间的故障逻辑关系进行了描述，与传统故障树分析方法相比，解决了部件及系统失效的模糊动态性及部件间失效的关联性；最后，将本章所提方法应用到提梁机卷扬系统的可靠性分析当中，进一步验证了该方法的有效性。

## 参 考 文 献

[1] 徐克虎，孔德鹏，黄大山，等. 智能计算方法及其应用[M]. 北京：国防工业出版社, 2019.
[2] 李春洋. 基于多态系统理论的可靠性分析与优化设计方法研究[D]. 长沙：国防科学技术大学, 2010.
[3] LI C Y, CHEN X, YI X S, et al. Interval-valued reliability analysis of multi-state systems[J]. IEEE Transactions on Reliability, 2011, 60(1):323-330.
[4] 李春洋，陈循，易晓山，等. 基于向量通用生成函数的多性能参数多态系统可靠性分析[J]. 兵工学报，2010, 31(12):1604-1610.
[5] JIANG X H, DUAN F H. A new quantification algorithm with probability matrix in the GO methodology[J]. Journal of Information & Computational Science, 2014, 11(14) :5035-5042.
[6] JIANG X H, HU A L. An improved GO methodology for system reliability analysis[C]. International Conference on Mechatronic Sciences, Electric Engineering and Computer. IEEE, 2014:120-123.
[7] 姚成玉，张荧驿，王旭峰，等. T-S 模糊故障树重要度分析方法[J]. 中国机械工程, 2011(11):1261-1268.
[8] 姚成玉，陈东宁，王斌. 基于 T-S 故障树和贝叶斯网络的模糊可靠性评估方法[J]. 机械工程学报，2014, 50(2):193-201.
[9] 毕娅. 湖北省城乡食品冷链物流系统需求预测：理论、实践与创新[M]. 武汉：武汉大学出版社, 2016.
[10] 王新刚，张义民，王宝艳. 机械零部件的动态可靠性分析[J]. 兵工学报, 2009, 30(11):1510-1514.
[11] 王新刚，张义民，王宝艳. 机械零部件的动态可靠性灵敏度分析[J]. 机械工程学报, 2010, 46(10):188-193.
[12] LISNIANSKI A. Application of extended universal generating function technique to dynamic reliability analysis of a multi-state system[C]. Second International Symposium on Stochastic MODELS in Reliability Engineering, Life Science and Operations Management. IEEE, 2016:1-10.
[13] SAWYER J P, RAO S S. Fault tree analysis of fuzzy mechanical systems[J]. Microelectronics Reliability, 2015, 34(4):653-667.
[14] 赵静一，姚成玉. 液压系统可靠性工程[M]. 北京：机械工业出版社, 2011.
[15] 张荧驿. 基于 T-S 重要度和贝叶斯网络的多态液压系统可靠性分析[D]. 秦皇岛：燕山大学, 2011.
[16] WILSON A G, HUZURBAZAR A V. Bayesian networks for multilevel system reliability[J]. Reliability Engineering & System Safety, 2007, 92(10):1413-1420.

# 第 4 章　基于非线性状态空间模型的劣化系统剩余寿命预测方法

诸如机械系统、机电系统及电化学系统等性能退化多呈现出非线性的特征，其剩余寿命预测问题也成为本方面研究中的重难点问题。为了更好地解决这些难题，本章提出了基于非线性状态空间模型（state space model）的劣化系统剩余寿命预测方法。在介绍状态空间模型描述系统性能退化的基础上，根据一些剩余寿命预测方法，通过总结优化，给出了其模型参数估计方法；另外，由于铅酸蓄电池在使用过程中内部会发生一系列电化学反应及物化反应，导致电池容量、内阻、功率等性能参数不断退化，直至因无法满足使用要求而报废，因此以其为对象，根据其放电电压特性，利用非线性状态空间模型描述其退化规律，进而预测其剩余寿命。

## 4.1　引　　言

### 4.1.1　非线性状态空间模型

状态空间模型是一种动态时域模型，以隐含时间为自变量。通过状态空间模型可建立可观测变量和不可观测变量的关联关系，揭示系统内部状态与外部输入和输出的联系。其有如下两种基本的数学描述：

1）输入/输出描述：从因果关系的视角描述系统，将系统视为黑箱。虽然其能较好地反映系统输入/输出之间的因果关系，但是并不能完整地描述系统，如其内部变量和内部结构难以直接反映。

2）内部描述：对系统的相对完整描述，可认为是一种白箱模型，包括系统的输入/输出描述的同时，还清晰地给出了输入/输出与内部变量及结构的关系，可实现多种类型系统的统一描述，包括单变量、多变量、时变、时不变、线性及非线性等，是描述复杂动态系统的有力手段。

状态空间模型在工业控制系统、宏观经济系统、股票价格系统、导航定位系统及生物医学动力系统中得到了广泛应用。这些系统具有一些共同特点，即存在部分无法观测的变量，而这些变量恰恰反映系统的真实状态，正好是我们需要的。我们称这些不能被直接观测却反映系统真实状态的变量为状态向量。状态向量是系统特征的完全表征，其取值空间称为状态空间。状态空间模型是一种时域建模工具，其区别于一般的输入/输出模型，不仅能反映系统的内部状态，而且能在可观测变量与系统内部状态之间建立联系桥梁，并且可引入向量时间序列的概念，解决多输入/多输出的系统建模问题，也可以解决含有无法观测变量的问题（UC模型，universally composable security frame-work）。由于状态空间模型基于当前和过去最小信息的形式描述系统状态，无须存储大量的历史数据，因此便于实际工程应用。

状态空间模型也并非完美，其也存在一定的局限性。它一般基于马尔可夫假设：当一个随机过程在给定现在状态及所有过去状态情况下，其未来状态的条件概率分布仅依赖于当前状态，即在给定系统当前状态时，要求系统将来的状态与过去独立。这给实际应用带来了一些挑战，真实时域系统往往并不完全满足这一特性，若在假设其满足马尔可夫条件下利用状态空间模型进行建模分析，效果会大打折扣。

### 4.1.2 剩余寿命预测方法

剩余寿命指产品从当前时刻到故障发生之间的时间间隔。剩余寿命预测在维修决策的过程中有很重要的作用，准确的预测结果结合合理的维修模型有助于提高产品的可用性，同时降低维修费用。传统剩余寿命预测理论首先以失效时间作为统计分析对象，通过大量试验得到产品的失效数据；然后使用统计判断准则，选择最合适的统计分布（主要是指数、正态、韦布尔、对数正态等传统寿命分布）模型；最后通过寿命分布模型预测产品的寿命。

从经济性和安全性等方面考虑，基于退化建模进行剩余寿命预测方法已成为普遍方法。对于一些劣化系统，从其可靠性管理的角度考虑，需要回答“系统在当前无故障的情况下还能持续运行多久”的问题。对该问题的回答就是对系统剩余寿命的预测，正确的剩余寿命预测是对系统制定维修、更换和备件策略的重要依据。因此，劣化系统剩余寿命预测逐渐成为当前系统可靠性领域的一个重要研究方向。以下是一些常用的剩余寿命预测方法。

1. 基于退化轨道模型的剩余寿命预测

退化轨道模型中存在两类参数，分别为固定参数和随机参数。其中，固定参数用于刻画产品之间的共性，随机参数则用于描述个体差异。利用退化轨道模型进行产品剩余寿命预测的大概思路如下：使用目标产品的历史退化数据对随机参数进行更新，得到更新后的退化模型；在此基础上，根据产品退化失效的定义，对目标产品的剩余寿命进行预测。

虽然退化数据能够提供较多的可靠性信息，但退化建模质量的好坏对评估和预测结果的精度有重要的影响，使用的模型不同，得到的结果也不同。模型选择不恰当，甚至会导致评估和预测结果存在较大的误差。因此，需要结合产品的实际退化过程，研究和选择合理的退化模型进行退化建模。

2. 基于随机过程模型的剩余寿命预测

在实际工作环境中，待测系统往往会受到多种应力的综合作用而导致性能退化。由于环境外力、内部材料都存在随机性，从而使产品的退化过程也呈现随机性，即退化量在时间轴上存在一定的不确定性。因此，利用随机过程描述产品退化更符合工程实际，与退化轨道模型相比，基于随机过程模型的剩余寿命预测方法受到了越来越多的青睐。

考虑到维纳过程具有良好的分析和计算特性，所以许多对产品剩余寿命预测的研究在维纳过程的基础上开展。除维纳过程外，伽马过程也常被用于描述产品的性能退化过程，并进一步预测产品的剩余寿命。

3. 基于马尔可夫模型的剩余寿命预测

基于马尔可夫模型的剩余寿命预测方法大体思路如下：将设备的全寿命周期划分为几个健康状态，通过参数训练获取各个状态的具体参数，当观测数据到达时就可以识别设备当前所处的状态，进而使用剩余寿命预测公式预测当前状态下的剩余寿命。

在采用马尔可夫模型预测产品的剩余寿命时，通常是将其整个性能退化过程离散成有限个状态空间，记为$\phi=\{0,1,\cdots,N\}$，其中 0 代表初始状态，$N$代表失效状态，用于反映模型健康水平的状态变量在该状态空间$\phi$内的变化。由于马尔可夫模型具有无记忆性，因此产品未来的状态只与当前状态值有关。

4. 基于比例风险模型的剩余寿命预测

比例风险模型通过线性回归方程将协变量与产品故障概率联系起来，是统计学中的一种常用的生存模型，能方便地对产品寿命分布与协变量之间的关系进行描述。

比例风险剩余寿命预测模型是依据待测系统历史数据及可靠性理论建立起来的剩余寿命预测模型，其基本步骤如下：将处理后的数据输入比例风险模型，优化并确定比例风险模型中的参数，建立剩余寿命预测模型。

### 4.1.3 剩余寿命快速预测方法

一般而言，要实现寿命预测，主要包括状态监测与数据采集、数据预处理、故障诊断、故障预测及决策推理等关键步骤。在每个步骤中，可以根据被预测对象故障模式特征和数据特征等选择合适的模型和方法处理各类数据信息，进而获得不同表征形式的剩余寿命信息。然而，在一些方法当中存在一些非必要的步骤，这些多余的步骤使预测过程变得烦琐，要实现剩余寿命的快速预测，就要对方法中的一些步骤进行优化改进。

目前，一些基于状态空间模型的剩余寿命预测方法呈现出部分改进优化的趋势，使寿命预测过程更加简化，更加快速，结果也更加合理准确。

## 4.2 基于状态空间模型的性能退化建模与参数估计方法

### 4.2.1 状态空间模型描述系统退化

一般情况下，系统下一时刻的退化状态仅与其当前时刻的状态相关，具有一阶马尔可夫性质，记 $x_t$ 为 $t$ 时刻系统退化状态，$y_t$ 为 $t$ 时刻系统状态特征变量。利用状态空间模型建立 $y_t$ 与 $x_t$ 及相邻时刻状态的关系，如图 4-1 所示。

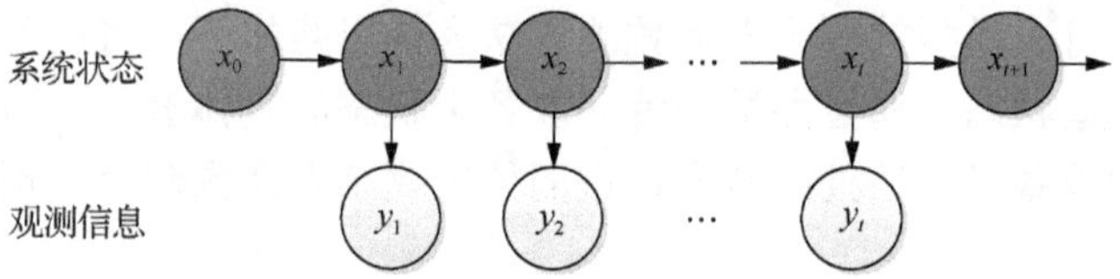


图 4-1　系统状态与观测信息的关系

建立劣化系统的状态空间模型，如下：

$$\boldsymbol{x}_t = f(\boldsymbol{x}_{t-1}, \boldsymbol{u}_{t-1}) + \boldsymbol{w}_t \tag{4-1}$$

$$\boldsymbol{y}_t = g(\boldsymbol{x}_t, \boldsymbol{u}_t) + \boldsymbol{e}_t \tag{4-2}$$

式中，$\boldsymbol{x}_t$ 为系统状态向量，$\boldsymbol{x}_t$ 的将来值只与现在有关，而与过去的状态相独立；$\boldsymbol{y}_t$ 为系统输出测量向量；$\boldsymbol{u}_t$ 为系统的输入；$\boldsymbol{w}_t$ 为过程噪声，服从均值为 0、协方差矩阵为 $\boldsymbol{Q}$ 的多元正态分布，即 $\boldsymbol{w}_t \sim N(0, \boldsymbol{Q})$；$\boldsymbol{e}_t$ 为观测噪声，服从均值为 0、协方差矩阵为 $\boldsymbol{R}$ 的多元正态分布，即 $\boldsymbol{e}_t \sim N(0, \boldsymbol{R})$。

式（4-1）为状态方程，式（4-2）为系统输出观测方程。$f(\cdot)$ 和 $g(\cdot)$ 为线性函数时，该劣化系统是线性的；$f(\cdot)$ 或 $g(\cdot)$ 为非线性函数时，该劣化系统是非线性的。

根据以上分析过程可知，给定模型参数和系统状态 $x_{t_0}$ 的均值和方差，即可根据式（4-1）和式（4-2）推算 $t > t_0$ 时刻的 $y_t$ 的均值和方差。进一步，给定系统失效阈值 $D_f$，便可预测系统的剩余寿命。

### 4.2.2　状态空间模型参数估计方法

状态空间模型是一种有效的基于数据驱动对系统进行退化建模和寿命预测的方法。基于贝叶斯理论的滤波算法（如卡尔曼滤波算法及其扩展模型）、粒子滤波算法是解决状态空间模型参数估计问题的有效手段。该方法将系统当前监测到的数据作为先验信息，预测其未来某一时刻的性能状态并得到系统的剩余寿命，在锂离子电池剩余寿命预测、齿轮箱剩余寿命预测、轴承剩余寿命预测等实际工程中得到了成功应用。

1. UKF 方法

无迹卡尔曼滤波算法（unscented Kalman filter，UKF）是对非线性系统状态的概率密度进行近似化，与扩展卡尔曼滤波（extended Kalman filter，EKF）不同，UKF 是通过无损变换使非线性系统方程适用于线性假设下的标准卡尔曼滤波体系，而不像 EKF 那样通过线性化非线性函数实现递推滤波，从而避免 EKF 滤波算法中因线性化产生的较大误差，能有效解决非线性状态空间模型参数估计问题。UKF 通过无迹变换（unscented transform，UT），采用卡尔曼滤波框架来处理均值和协方差的非线性传递。它用一系列确定样本逼近状态的后验概率密度，从而不需要求导计算雅可比矩阵（Jacobian matrix）。值得注意的是，由于 UKF 保留了高阶项，因此其具有较高的计算精度；同时，它采用确定性采样方法，从而避免了粒子退化问题。

UT 变换即根据一定的采样策略对状态先验分布抽取一系列的采样点（$\sigma$ 点），使这些点的均值和协方差状态分布与原状态分布的均值和协方差相等；将这些 $\sigma$ 点代入非线性函数中，相应得到非线性函数值的点集，通过该点集求出变换后的均值和协方差。UT 变换中最重要的是 $\sigma$ 点的采样策略，较常用的是 $2n+1$ 个 $\sigma$ 点对称采样。对于均值为 $\bar{\boldsymbol{x}}$、协方差为 $\boldsymbol{P}_x$ 的 $n$ 维随机变量，产生一个 $\boldsymbol{x}$ 矩阵，该矩阵由 $2n+1$ 个点组成，即 $\sigma$ 点：

$$\boldsymbol{x}_j=\begin{cases}\bar{\boldsymbol{x}}, & j=0\\ \bar{\boldsymbol{x}}+\left(\sqrt{(n+\lambda)\boldsymbol{P}_x}\right)_j, & j=1,2,\cdots,n\\ \bar{\boldsymbol{x}}-\left(\sqrt{(n+\lambda)\boldsymbol{P}_x}\right)_j, & j=n+1,\cdots,2n\end{cases}$$

式中，$\lambda=\alpha^2(n+\kappa)-n$ 为尺度参数；$\left(\sqrt{(n+\lambda)\boldsymbol{P}_x}\right)_j$ 为矩阵 $(n+\lambda)\boldsymbol{P}_x$ 平方根的第 $j$ 行或列。对采样所得的 $\sigma$ 点集进行比例修正，即对各个 $\sigma$ 点的权值修正为

$$W_j^m=W_j^c=\begin{cases}\lambda/(n+\lambda), & j=0\\ 1/2(n+\lambda), & j=1,2,\cdots,2n\end{cases}$$

式中，$W_j^m$ 为第 $j$ 个点均值的权值 $(\boldsymbol{W}^m)$；$W_j^c$ 为第 $j$ 个点方差的权值 $(\boldsymbol{W}^c)$。

对 $\sigma$ 点集 $\{x_j\}$ 进行 $f(\cdot)$ 非线性变换，得到新 $\sigma$ 点集 $\{x_j\}$，用来近似 $y=f(x)$，即

$$x_j = f(x_j), \quad j = 0,1,\cdots,2n$$

对$\sigma$点集$\{x_j\}$进行加权计算，得到变换后的均值$\overline{\boldsymbol{y}}$和方差$\boldsymbol{P}_y$：

$$\begin{cases} \overline{\boldsymbol{y}} \approx \sum_{i=0}^{2n} W_j^m y_j \\ \boldsymbol{P}_y \approx \sum_{i=0}^{2n} W_j^c (y_j - \overline{\boldsymbol{y}})^{\mathrm{T}} \end{cases}$$

为了增加$\sigma$采样点，在UKF算法中需要先对状态向量进行扩维处理，扩维后状态向量为$\boldsymbol{x}_k^\alpha = [x_k^{\mathrm{T}}, w_k^{\mathrm{T}}, v_k^{\mathrm{T}}]^{\mathrm{T}}$。UKF算法实现步骤如下。

1）系统状态初始化。

$$\overline{\boldsymbol{x}}_0 = E[\boldsymbol{x}_0]$$

$$\boldsymbol{P}_0 = E[(\boldsymbol{x}_0 - \overline{\boldsymbol{x}}_0)(\boldsymbol{x}_0 - \overline{\boldsymbol{x}}_0)^{\mathrm{T}}]$$

$$\overline{\boldsymbol{x}}_{\alpha,0} = E[\boldsymbol{x}_{\alpha,0}] = [\boldsymbol{x}_0^{\mathrm{T}}, 0_{m\times1}^{\mathrm{T}}, 0_{l\times1}^{\mathrm{T}}]$$

$$\boldsymbol{P}_{\alpha,0} = E[(\boldsymbol{x}_0^\alpha - \overline{\boldsymbol{x}}_0^\alpha)(\boldsymbol{x}_0 - \overline{\boldsymbol{x}}_0)^{\mathrm{T}}] = \begin{bmatrix} \boldsymbol{P}_0 & 0 & 0 \\ 0 & \boldsymbol{Q} & 0 \\ 0 & 0 & \boldsymbol{R} \end{bmatrix}$$

2）通过UT变换进一步预测状态$\overline{\boldsymbol{x}}_{k|k-1}$，同时计算预测误差的协方差$\boldsymbol{P}_{k|k-1}$。根据$\overline{\boldsymbol{x}}_{\alpha,k-1}$和$\boldsymbol{P}_{\alpha,k-1}$构造增广$\sigma$集，有

$$\begin{cases} \boldsymbol{x}_{\alpha,k-1}^0 = \overline{\boldsymbol{x}}_{\alpha,k-1}, & j=0 \\ \boldsymbol{x}_{\alpha,k-1}^j = \overline{\boldsymbol{x}}_{\alpha,k-1} + \left(\sqrt{(n+\lambda)\boldsymbol{P}_{\alpha,k-1}}\right)_j, & j=1,2,\cdots,n \\ \boldsymbol{x}_{\alpha,k-1}^j = \overline{\boldsymbol{x}}_{\alpha,k-1} - \left(\sqrt{(n+\lambda)\boldsymbol{P}_{\alpha,k-1}}\right)_j, & j=n+1,\cdots,2n \end{cases}$$

$$\begin{cases} W_0^m = \dfrac{\lambda}{n+\lambda}, & j=0 \\ W_0^c = \dfrac{\lambda}{n+\lambda} + (1-\alpha^2+\beta), & j=1,2,\cdots,n \\ W_j^m = W_j^c = \dfrac{1}{2(n+\lambda)}, & j=n+1,\cdots,2n \end{cases}$$

设置预测采样点

$$\boldsymbol{x}_{k|k-1}^j = f(\boldsymbol{x}_{k-1|k-1}^j)$$

得到预测状态$\overline{\boldsymbol{x}}_{k|k-1}$和预测误差的协方差$\boldsymbol{P}_{k|k-1}$如下所示：

$$\begin{cases} \overline{\boldsymbol{x}}_{k|k-1} = \sum_{i=0}^{2n} W_j^m \boldsymbol{x}_{k|k-1}^j \\ \boldsymbol{P}_{k|k-1} = \sum_{i=0}^{2n} W_j^c (\boldsymbol{x}_{k|k-1}^j - \overline{\boldsymbol{x}}_{k|k-1})(\boldsymbol{x}_{k|k-1}^j - \overline{\boldsymbol{x}}_{k|k-1})^{\mathrm{T}} \end{cases}$$

3）通过 UT 变换求 $\sigma$ 传播方程。

设置预测观测点集

$$\boldsymbol{x}_{k|k-1}^{j}=h(\boldsymbol{x}_{k-1|k-1}^{j})$$

得到预测观测点均值、方差和协方差，即

$$\overline{\boldsymbol{y}}_{k|k-1}^{j}=\sum_{i=0}^{2n}W_j^m\boldsymbol{x}_{k|k-1}^{j}$$

$$\boldsymbol{P}_{y,k}=\sum_{i=0}^{2n}W_j^c(\boldsymbol{x}_{k|k-1}^{j}-\overline{\boldsymbol{y}}_{k|k-1}^{j})(\boldsymbol{x}_{k|k-1}^{j}-\overline{\boldsymbol{y}}_{k|k-1}^{j})^{\mathrm{T}}$$

$$\boldsymbol{P}_{xy,k}=\sum_{i=0}^{2n}W_j^c(\boldsymbol{x}_{k|k-1}^{j}-\overline{\boldsymbol{x}}_{k|k-1})(\boldsymbol{x}_{k|k-1}^{j}-\overline{\boldsymbol{x}}_{k|k-1})^{\mathrm{T}}$$

进行状态更新和方差更新，有

$$\lambda_k=\boldsymbol{P}_{y,k}\boldsymbol{P}_{xy,k}^{-1}$$

$$\boldsymbol{x}_{k|k}=\overline{\boldsymbol{x}}_{k|k-1}+\lambda_k(\boldsymbol{y}_k-\overline{\boldsymbol{y}}_{k|k-1})$$

$$\boldsymbol{P}_{k|k}=\boldsymbol{P}_{k|k-1}-\lambda_k\boldsymbol{P}_{y,k}\lambda_k^{\mathrm{T}}$$

4）令 $k=k+1$，转到步骤 2）。

### 2. 粒子滤波方法

粒子滤波（particle filter，PF）的思想基于蒙特卡洛方法，其实质是利用蒙特卡洛思想求解贝叶斯估计中的积分运算。其核心思想是通过从后验概率中抽取的随机状态粒子表达其分布，是一种序贯重要性采样法。简单来说，粒子滤波方法通过寻找一组赋予一定权值的在状态空间传播的随机样本，对先验概率密度分布进行近似，以样本均值代替积分运算，从而获得状态最小方差分布的过程。粒子滤波技术应用非常广泛，在解决非线性系统状态估算方面表现出很好的优越性。

序贯重要性采样是粒子滤波方法中常用的采样方法，其基本思想是通过对一系列随机采样点赋予权重来表达后验概率密度函数，状态估计值利用随机采样点的值乘以其权重得到，接近最优贝叶斯估计。其实现步骤如下：

1）从建议分布函数 $q(x_{0:k}\mid y_{1,k})$ 随机采样，样本数目为 $N$，$\{x_{0:k}^i\}\sim q(x_{0:k}\mid y_{1,k})$。

2）逐点计算 $p(x_k\mid x_{k-1})$ 和 $p(y_k\mid x_k)$，计算相应的重要性权值：

$$\omega_k(x_{0:k})=\frac{p(y_{1:k}\mid x_{0:k})p(x_{0:k})}{q(x_{0:k}\mid y_{1,k})}$$

3）归一化重要性权值：

$$\overline{\omega}_k(x_{0:k}^i)=\frac{\omega_k(x_{0:k}^i)}{\sum_{j=1}^{N}\omega_k(x_{0:k}^j)}$$

4）对 $p(x_{0:k} \mid y_{1:k})$ 进行估计：

$$\hat{p}(x_{0:k} \mid y_{1:k}) = \sum_{i=1}^{N} \overline{\omega}_k^i \delta(x_k - x_k^i)$$

粒子退化问题是序贯重要性采样过程中难以避免的，经过数次递推迭代后，只有少数粒子的权重起显著作用，其余粒子权重几乎降低到零。若继续迭代计算，也无法得到能够表达实际后验概率分布的粒子集。可以通过引入有效采样阈值或重采样方法来解决粒子退化问题，通过舍弃低权值粒子，繁殖高权值粒子，从而减少粒子退化现象。

标准粒子滤波算法的实现步骤如下：

1）参数初始化。

2）采样并赋予初始权值，在 $k=0$ 时，由先验概率分布 $p(x_0)$ 随机生成粒子样本 $\{x_0^i\}_{i=1}^N$，其赋予所有粒子初始权值为 $\omega_0^i = \dfrac{1}{N}$。

3）重要性采样，分为 $K$ 时刻预测和权值更新两步：

① $K$ 时刻预测：在时刻 $K$ 时，从建议分布函数采样，$x_k^i \sim q(x_k \mid x_{k-1}^i)$，$i=1,2,\cdots,N$，利用状态方程式计算 $K$ 时刻 $\overline{x}_k^i = (x_{0:k-1}^i, x_k^i)$。

② 权值更新：计算每个粒子重要性权值 $\omega_k^i$ 且进行归一化处理，为 $\overline{\omega}_k^i = \omega_k^i \Big/ \sum_{j=1}^{N} \omega_k^j$。

4）评估有效粒子数目，判断是否需要进行重采样。如果 $N_{\text{eff}} \geqslant N_{\text{threshold}}$，则 $\overline{x}_{0:k}^i = x_{0:k}^i$，$\overline{\omega}_k^i = \omega_k^i$；$i=1,2,\cdots,N$；否则进行重采样，得到新粒子集及相应重要性权值为 $x_{0:k}^i = \overline{x}_{0:k}^{k_i}$，$\omega_k^i = 1/N$。

5）状态评估，即进行后验概率计算，$\hat{x}_k = \sum_{i=1}^{N} \omega_k^i x_{0:k}^i$。

6）方差评估，$P_k = \sum_{i=1}^{N} \omega_k^i (\overline{x}_k^i - \hat{x}_k)(\overline{x}_k^i - \hat{x}_k)^{\mathrm{T}}$。

7）判断是否结束，否则令 $k=k+1$，重复步骤 3）～5）。

## 4.3 案例分析

阀控式密封铅酸电池（valve regulated lead acid battery，VRLA）在舰艇、电动车、不间断电源、移动通信设施等领域得到了广泛应用[1]。铅酸电池在使用过程中，内部会发生一系列电化学反应及物化反应，导致电池容量、内阻、功率等性能参数不断退化，直至因无法满足使用要求而报废[2]。循环寿命是指在一定使用条件下新电池至报废所经历的充放电循环次数，是衡量电池性能及健康状态的重要指标之一。对于使用过程中的电池，用户更关注的是其剩余寿命，即当前状态下电池至报废还剩余的充放电循环次数。准确的剩余寿命评估模型可以为铅酸电池维护、更换提供科学合理的依据，是铅酸电池健康管理系统的核心技术[3]。

铅酸电池的主要失效模式是容量衰退。根据用户需求，铅酸电池循环寿命通常定为其容量衰减至初始值 20%～30%所需要的充放电循环次数。因此，精确测量铅酸电池容量是开展其剩余寿命评估的前提。传统的铅酸电池容量测试方法是完全放电法，即通过对电池进行一次完全充放电，记录其所放出的电量。但是，对于大容量铅酸电池，完全放电耗时长，且深度放电会对电池造成严重损伤[4]。增大放电电流虽然可以缩短放电时间，但会导致放电不彻底，容量测量结果偏小，且大电流也会对电池造成不可逆损伤[4]。研究表明，铅酸电池容量与放电电压曲线之间有一一对应关系，且放电电压曲线随电池老化有着明显的变化规律[5-6]。因此，本节通过部分放电法获取一段电压变化曲线，利用历史数据建立电压曲线与可用容量之间的关系模型，进而实现电池容量的快速预测。最后，基于容量快速预测结果，利用粒子滤波方法实现对铅酸电池的剩余寿命评估。

### 4.3.1　铅酸蓄电池退化过程描述

阀控式密封铅酸蓄电池为密封结构，不会漏酸、排酸雾，使用期间无须加酸加水维护。电池盖上设有安全阀，当电池内部气压升高到一定值时，安全阀自动打开，排出气体，然后自动关闭，防止外部空气进入。铅酸蓄电池属于二次电源，正、负极化学反应可逆，正极活性物质是二氧化铅，负极活性物质是海绵状金属铅，电解液是稀硫酸。铅酸蓄电池在充放电过程中的反应化学方程式如表 4-1 所示。铅酸蓄电池端电压与铅酸蓄电池的电解液浓度有关，放电过程中，随着电解液浓度下降，铅酸蓄电池端电压下降，充电过程与之相反[7]。

**表 4-1　铅酸蓄电池反应化学方程式**

| 阶段 | 化学方程式 | |
|---|---|---|
| 充电阶段 | 阳极 | $PbSO_4 + 2H_2O \longrightarrow PbO_2 + H_2SO_4 + 2H^+ + 2e^-$ |
| | 阴极 | $PbSO_4 + 2H^+ + 2e^- \longrightarrow Pb + H_2SO_4$ |
| 放电阶段 | 阳极 | $PbO_2 + H_2SO_4 + 2H^+ + 2e^- \longrightarrow PbSO_4 + 2H_2O$ |
| | 阴极 | $Pb + H_2SO_4 \longrightarrow PbSO_4 + 2H^+ + 2e^-$ |

铅酸蓄电池使用温度范围较广，一般在−23～+25℃下均可正常工作。单体电池额定电压通常为2V，放电截止电压为1.8V，充电截止电压为2.35V，充电方式为恒流恒压充电或恒压限流浮充电。完全放电法通常采用0.1*C*倍率电流对电池恒流放电至其截止电压，此时电流与放电时间乘积即为电池可用容量。对于100Ah铅酸蓄电池，0.1*C*放电倍率对应电流为100×0.1=10（A）。

图4-2为满电铅酸蓄电池一次放电过程中放电电压特性曲线。从图4-2中可以看出，铅酸蓄电池放电电压曲线大致分为三个阶段：一是在放电初期，由于电池存在一定内阻，电路接通瞬间端电压会出现陡降；二是在放电中期（约30min后），电池内部电化学反应趋于稳定，电压平稳下降（近似线性），该阶段为电池主要工作阶段；三是在放电末期，电压快速下降至截止电压。图4-3为满电铅酸蓄电池多次循环充放电过程中的电压特性曲线。随着充放电次数增加，放电电压曲线形状基本保持不变，但曲线整体上呈现顺时针旋转趋势。随着电池不断老化，电压线性下降阶段越来越短，斜率越来越大，电池容量不断衰减。

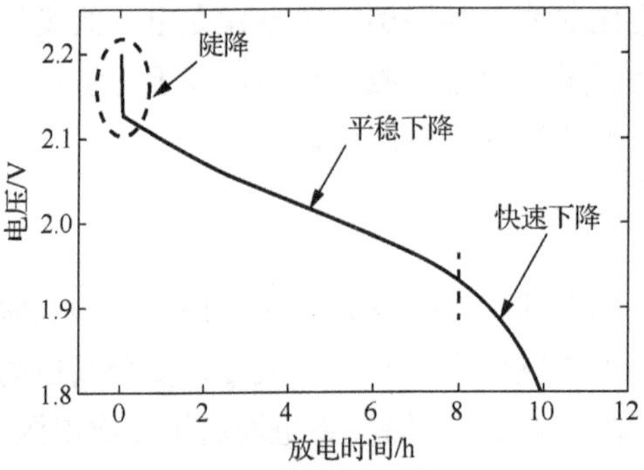

图4-2　满电铅酸蓄电池一次放电过程中放电电压特性曲线

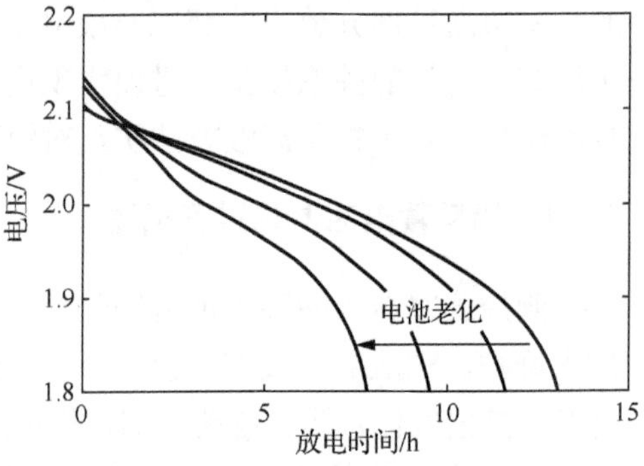

图4-3　满电铅酸蓄电池多次循环充放电过程中放电电压特性曲线

为探索铅酸蓄电池可用容量预测与剩余寿命评估方法，对某型铅酸蓄电池开展循环充放电测试。研究对象为艾诺斯华达公司生产的GFM-200系列阀控式密封铅酸蓄电池，该电池作为备用动力装置安装在舰艇上，额定容量为200Ah。测试设备为ACCEXP电池测试系统，测试过程中系统自动记录电流、电压等数据。

测试流程如下：

1）将电池静置30min；

2）0.1*C*恒流充电，直至电压达到2.35V，转为2.35V恒压充电至电流低于1.2A；

3）2.35V恒压下电池充电3h以上；

4）将电池静置30min；

5）0.1$C$ 恒流放电至电压低于 1.8V；

6）重复步骤 1）～5）。

测试结果如图 4-4 所示。结果表明，随着循环次数增加，GFM-200 铅酸蓄电池放电电压曲线发生顺时针偏转，电池存在明显的退化现象。

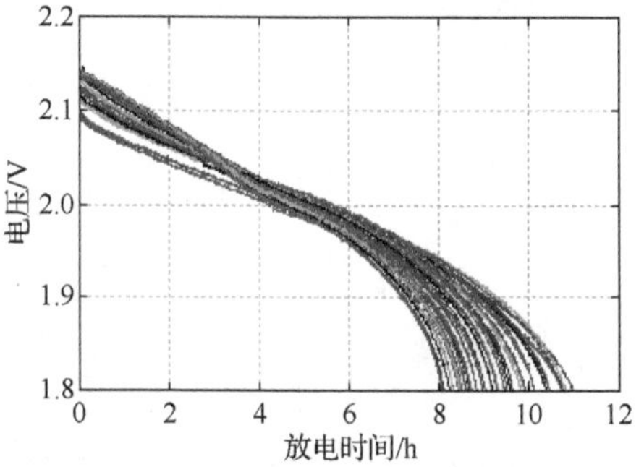


图 4-4　GFM-200 铅酸蓄电池循环测试结果

### 4.3.2　铅酸蓄电池容量快速预测

1. 放电电压建模

铅酸蓄电池在放电过程中，电压曲线中蕴含了包括初始电压、内阻、电解液浓度及活性物质总量等的丰富信息。文献[8]提出了铅酸蓄电池放电电压曲线经验模型：

$$U(t)=k_0-Ik_1t-\frac{k_2}{k_3-It} \tag{4-3}$$

式中，$U$ 为电池端电压；$I$ 为放电电流；$t$ 为放电时间，h；$k_0$、$k_1$、$k_2$、$k_3$ 为模型参数，且具有实际物理意义，其中 $k_0$ 为放电初始电压，$k_1$ 为电池内阻，$k_2$ 为电解液浓度，$k_3$ 为理想情况下电池最大可用容量。

利用式（4-3）对 GFM-200 铅酸蓄电池各循环放电电压分别进行拟合，为提高模型精度，拟合时将陡降阶段（约放电初期 0.5h）电压数据剔除。对于 GFM-200 铅酸蓄电池，放电电流为 0.1$C$，即取 $I=20\text{A}$。图 4-5 为式（4-3）中各参数随循环次数变化曲线。结果表明，随循环次数增加，$k_0$ 和 $k_1$ 增加，$k_2$ 和 $k_3$ 下降，这与电池实际情况相符，即电池老化导致内阻（$k_1$）增加，电解液浓度（$k_2$）和最大可用容量（$k_3$）下降。

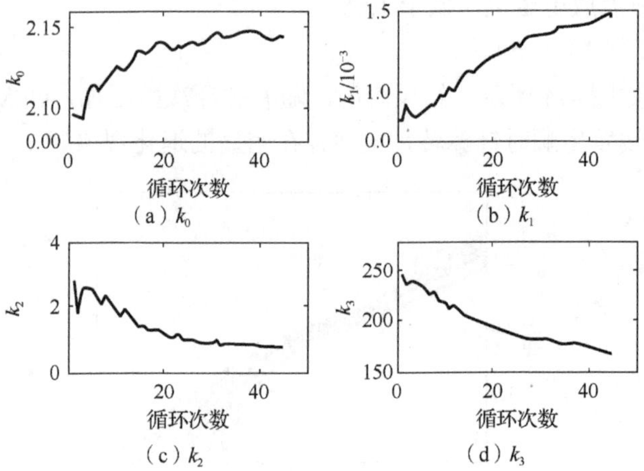


图 4-5　GFM-200 铅酸蓄电池放电电压模型参数变化

进一步研究发现，参数 $k_2$、$k_3$ 均与 $k_1$ 之间有明显的相关性，且均符合幂函数关系。图 4-6 和图 4-7 分别为参数 $k_2$、$k_3$ 与 $k_1$ 的幂函数拟合结果。也就是说，对于一条放电曲线，只要知道参数 $k_1$ 的值，就可以利用式（4-4）较准确地估计出参数 $k_2$ 和 $k_3$ 的值：

$$\begin{cases} k_2 = 1.385 \times 10^{-7} \times k_1^{-2.369} \\ k_3 = 2.976 \times k_1^{-0.6203} \end{cases} \tag{4-4}$$

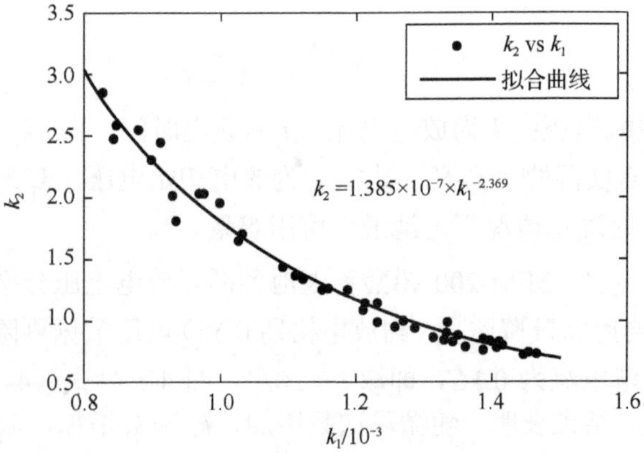


图 4-6　$k_2$ 与 $k_1$ 拟合结果

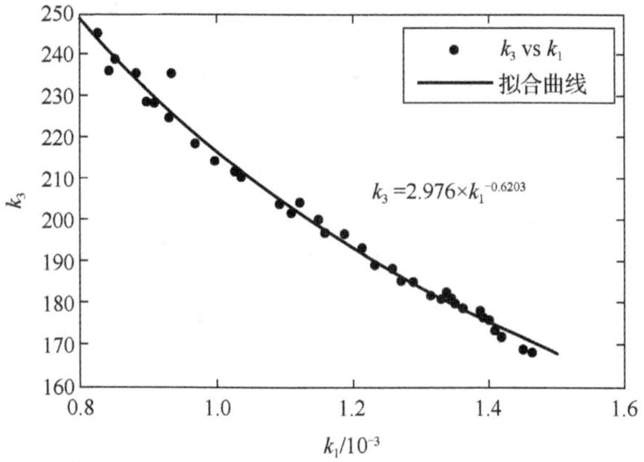


图 4-7　$k_3$ 与 $k_1$ 拟合结果

2. 放电电压建模容量预测模型

舰用铅酸电池在使用过程中，很难通过完全放电法（耗时约 10h）精确测量其可用容量，因此必须找到一种快速准确的容量预测方法[9]。根据铅酸蓄电池可用容量定义，其可用容量 $C$ 为满充电池 0.1$C$ 恒流放电至截至电压 1.8V 所放出的总电量，即

$$C=I\times t_c \tag{4-5}$$

式中，$I$ 为 0.1$C$ 对应的放电电流；$t_c$ 为满充电池电压降至 1.8V 所需放电时间。

令式（4-3）中 $U(t_c)=1.8\text{V}$，即可求出放电时间 $t_c$。因此，只要式（4-3）中的电压模型参数足够精确，就可以实现电池容量的准确估算。此时，铅酸蓄电池容量快速预测问题转化为放电电压模型参数快速估计问题，即如何利用部分放电数据在较短放电时间内估算参数 $k_0$、$k_1$、$k_2$、$k_3$。上文分析表明，参数 $k_2$、$k_3$ 可以通过 $k_1$ 估算，故问题转化为对参数 $k_0$、$k_1$ 的快速预测。

这里，将部分放电时间定为 3.5h，即对满充电池进行 3.5h 恒流放电，预测其完全放电可以放出的容量。从图 4-4 中可以看出，前 3.5h 放电电压大部分处于线性下降阶段，且循环越多，电池老化越严重，该段电压随时间下降速度也越快。因此，考虑利用该段电压曲线估算参数 $k_0$、$k_1$，从而实现容量快速预测。首先，建立该段电压与时间的线性模型，如下：

$$U(t)=a-bIt \tag{4-6}$$

利用式（4-6）拟合 GFM-200 铅酸蓄电池各循环前 3.5h 电压数据（这里仍将前 0.5h 陡降电压剔除），得到参数 $a$、$b$ 估计值，如图 4-8 和图 4-9 所示。结果表明，各循环中 $a$ 与 $k_0$ 几乎相等（均代表放电初始电压），$b$ 与 $k_1$ 之间存在近似线性关系，故可以将 $a$、$b$ 代入式（4-7）中预测 $k_0$、$k_1$：

$$\begin{cases} k_0 = a \\ k_1 = 0.9089b - 9.996 \times 10^{-5} \end{cases} \tag{4-7}$$

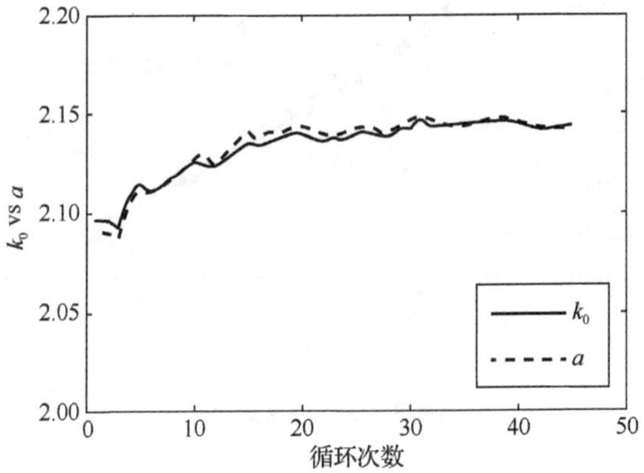


图 4-8　$k_0$ 与 $a$ 的关系

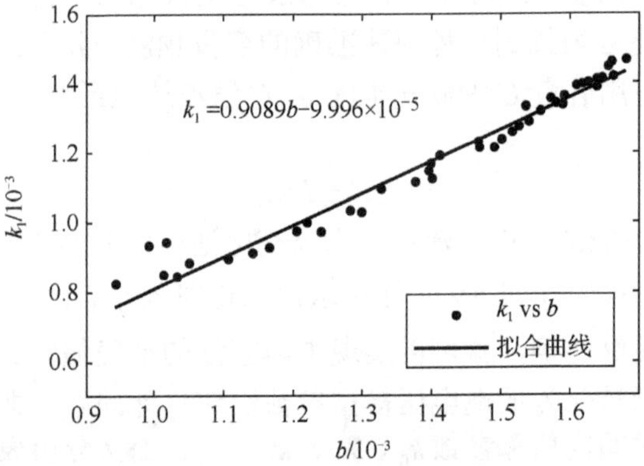


图 4-9　$k_1$ 与 $b$ 拟合结果

经过上述分析，可以得到铅酸蓄电池容量快速预测流程，如下：

**Step 1**　给定未知状态下的铅酸蓄电池，对其进行标准充电，充满后进行 0.1$C$ 放电 3.5h，取 0.5～3.5h 电压数据，按照式（4-6）进行拟合，得到模型参数 $a$、$b$；

**Step 2**　将 $a$、$b$ 代入式（4-7）和式（4-4），得到电压模型参数 $k_0$、$k_1$、$k_2$、$k_3$；

**Step 3**　将 $k_0$、$k_1$、$k_2$、$k_3$ 代入式（4-3），求出完全放电时间 $t_c$，并将 $t_c$ 代入式（4-5），得到铅酸蓄电池可用容量快速预测值。

上述步骤中，将部分放电时间取为 3.5h。为研究放电时长对容量预测结果的影响，图 4-10 对四种放电时长（1.5h、2.5h、3.5h 和 4.5h）的预测结果进行了对比。在部分放电法中，随着放电时长增加，容量预测精度也不断提高。但当放电时长超过 3.5h 后，增加放电时间对容量预测精度的提高效果不再明显。因此，综合考虑预测精度和时间因素，本节将部分放电时长定为 3.5h。同完全放电相比（约 10h），该方法既大大缩短了预测时间，又保证了较高的预测精度。

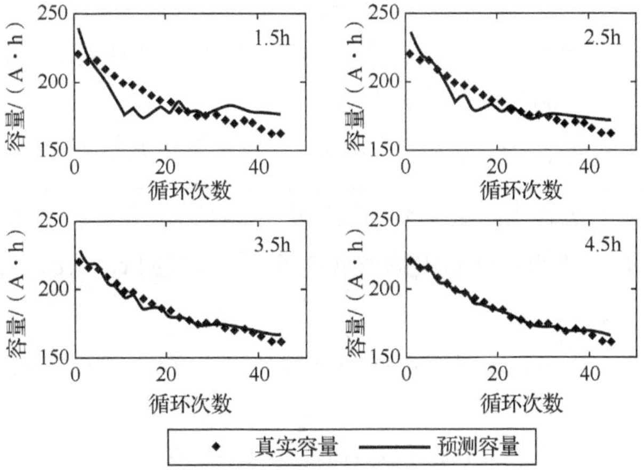


图 4-10　容量快速预测结果

### 4.3.3　基于非线性状态空间模型的铅酸蓄电池剩余寿命预测

剩余寿命评估是铅酸蓄电池健康管理的关键技术之一，对制定电池维修、更换策略起着重要的指导作用。对于舰用铅酸蓄电池，随工作时间增加，可用容量不断退化，稳定性下降，如果不及时更换，可能会导致重大事故发生。容量快速预测方法为铅酸蓄电池剩余寿命评估提供了数据基础。对于铅酸蓄电池这类退化失效产品，一种有效剩余寿命评估是建立基于其性能退化过程的状态空间模型，利用历史数据更新状态量分布，并对状态量未来一段时间的变化趋势进行预测，最后结合状态量失效阈值评估剩余寿命。

1. 放电容量建模

粒子滤波是一种序贯贝叶斯方法，是解决非线性状态空间模型状态更新的常见手段之一[10]。在粒子滤波框架下，产品退化过程被描述成一个状态空间模型，用粒子集代表各状态量发生的概率，通过从后验概率中抽取的随机状态粒子近似当前时刻各状态量的后验分布。更多关于粒子滤波原理介绍及其在剩余寿命评估中的应用可以参考文献[11]、[12]。观察图 4-10 可以发现，铅酸蓄电池容量退化服从先快后慢的负指数规律，故可建立如下状态空间模型。

状态转移方程：

$$\begin{cases} x_k = \exp(-b_k \Delta t) x_{k-1} \\ b_k = b_{k-1} \\ \sigma_k = \sigma_{k-1} \end{cases} \tag{4-8}$$

观测方程：

$$y_k = x_k + v_k \tag{4-9}$$

式中，$\{x_k, b_k, \sigma_k\}$为状态量；$y_k$为观测量；$v_k$为观测噪声且服从正态分布$N(0,\sigma_k^2)$；$\Delta t = t_k - t_{k-1}$为两次观测之间的时间间隔。

获取到观测量$y_1, y_2, \cdots, y_k$后，标准粒子滤波算法流程如下：

---

**Step 1** 粒子初始化：由于不存在历史先验信息，因此可以假设状态量初始分布为均匀分布，从初始分布中抽取$N$组粒子，记为$\{x_0, b_0, \sigma_0\}^p, p = 1,2,\cdots,N$。

For $i=1:k$

**Step 2** 粒子更新：根据状态转移方程(4-8)，将每组粒子更新到下一时刻，即

$$\{x_{i-1}, b_{i-1}, \sigma_{i-1}\}^p \to \{x_i, b_i, \sigma_i\}^p$$

**Step 3** 权重更新：每组新粒子权重$\omega_p$正比于观测量$y_i$的似然函数值，即

$$\omega_p \propto \frac{1}{\sqrt{2\pi}\sigma_i} \exp\left[\frac{(y_i - x_i^p)^2}{2\sigma_i^2}\right]$$

**Step 4** 粒子重采样：对$N$组粒子进行重采样，每组粒子被采中概率正比于$\omega_p$。

**Step 5** 重复 Step 2～Step 4 至$i = k$，即可得到近似$t_k$时刻状态量后验分布的$N$组粒子：

$$\{x_k, b_k, \sigma_k\}^p, p = 1,2,\cdots,N$$

---

将$\{x_k, b_k, \sigma_k\}^p, p = 1,2,\cdots,N$代入状态转移方程中，预测$t_k$时刻之后每组粒子中$x_k$的变化趋势。结合$x_k$的失效阈值，即可外推出$N$组粒子对应的剩余寿命值，记为$\mathrm{RL}_k^1, \mathrm{RL}_k^2, \cdots, \mathrm{RL}_k^N$。上述$N$个剩余寿命值可以近似$t_k$时刻剩余寿命分布，因此很容易利用其实现电池剩余寿命评估，得到剩余寿命平均值、中位值及置信区间等关键指标。

2. 剩余寿命评估

将铅酸蓄电池容量快速预测值归一化处理后作为观测量，即

$$y_k = C_k / C_1, k = 1,2,\cdots \tag{4-10}$$

式中，$C_k$为第$k$次循环可用容量快速预测值。

根据舰艇使用要求，其失效阈值定为0.8，即认为铅酸蓄电池容量衰减到初始

容量 80%时失效。试验数据表明，GFM-200 铅酸蓄电池真实循环寿命为 27 循环。

图 4-11 为铅酸蓄电池第 15 循环剩余寿命预测。图中正方形点为电池容量快速预测量归一化后的值，实线为状态量后验中位值，虚线为状态量 80%置信区间，直方图为 15 循环剩余寿命近似分布。从图 4-11 中可以看出，经过 15 次粒子滤波运算，可以较精确地预测出之后铅酸蓄电池容量退化规律，进而准确地实现电池剩余寿命评估。表 4-2 为 GFM-200 铅酸蓄电池在 10 循环、15 循环、20 循环三个时刻评估出的剩余寿命平均值、中位值和 80%置信区间结果。结果表明，铅酸蓄电池真实剩余寿命均落在了 80%置信区间之内，说明基于容量快速预测值得到的铅酸蓄电池剩余寿命评估结果是准确有效的[13]。

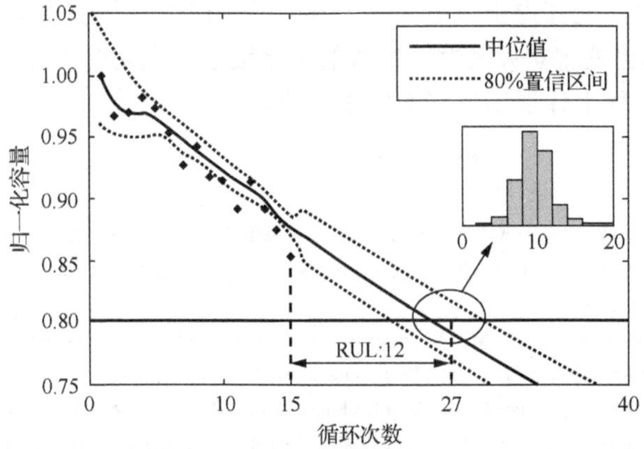


图 4-11　GFM-200 铅酸蓄电池第 15 循环剩余寿命预测

**表 4-2　GFM-200 铅酸蓄电池第 10、15、20 循环剩余寿命评估结果**

| 预测时刻 | 真实值 | 平均值 | 中位值 | 80%置信下限 | 80%置信上限 |
|---|---|---|---|---|---|
| 10 | 17 | 20.4 | 19 | 14 | 27 |
| 15 | 12 | 10.9 | 11 | 8 | 14 |
| 20 | 7 | 6.7 | 6 | 4 | 10 |

可用容量随着铅酸蓄电池老化而不断退化，是衡量电池健康状态和实现在线剩余寿命评估的关键性能指标。针对传统完全放电法测量铅酸蓄电池容量时存在的测试时间过长且对电池损伤较大等缺陷，本案例提出一种利用部分放电法快速预测铅酸蓄电池可用容量的方法框架。最后，基于容量预测结果和粒子滤波方法，实现了铅酸蓄电池在线剩余寿命评估，并利用 GFM-200 铅酸蓄电池试验数据验证了该方法的有效性和适用性。

## 本 章 小 结

本章介绍了非线性状态空间模型，并通过建立状态空间模型来描述系统的退化规律，总结出了相应的模型参数估计方法。在案例分析中，选择铅酸蓄电池作为研究对象，深入分析其失效机理，利用放电电压变化规律，快速预测电池容量，进而利用非线性状态空间模型建立容量退化模型，最终实现其剩余寿命的预测。本章目的在于针对一类特殊的劣化系统，在关键性能参数的测量不易获取或需要较长时间获取时，能够提出依据其功能参数的规律性变化实现关键性能参数的快速准确预测，再通过建立关键性能参数的退化模型实现剩余寿命预测的技术途径，最终能在实际工程中体现出良好的应用价值。

### 参 考 文 献


[1] 谢小英, 阴文平, 黄成德. 阀控式铅酸电池的研究现状与展望[J]. 电池, 2009, 39(1): 47-49.

[2] KEN S, YUICHI T, MASASHI S. Corrosion of PbCaSn alloy during potential step cycles[J]. Journal of Power Sources, 2008, 175(1): 604-612.

[3] SIKORSKA J, HODKIEWIC M, MA L. Prognostic modeling options for remaining useful life estimation by industry[J]. Mechanical Systems and Signal Processing, 2011, 25(5): 1803-1836.

[4] PASCOE P, SIRISENA H, ANBUKY A. Coup De Fouet based VRLA battery capacity estimation[C]. Proceedings First IEEE International Workshop on Electronic Design, Test and Applications, Christchurch, 2002.

[5] EINHORN M, CONTE F V, KRAL C, et al. A method for online capacity estimation of lithium ion battery cells using the state of charge and the transferred charge[J]. IEEE Transactions on Industry Applications, 2012, 48(2): 736-741.

[6] 王宏亮, 崔胜民. 基于试验的铅酸电池充放电特性模型的建立[J]. 蓄电池, 2005, 42(1): 38-40,44.

[7] 朱松然. 铅蓄电池技术[M]. 北京: 机械工业出版社, 2002.

[8] RYNKIEWICZ R. Discharge and charge modeling of lead acid batteries[C]. Applied Power Electronics Conference and Exposition, Dallas, 1999.

[9] 庞景月, 马云彤, 刘大同, 等. 锂离子电池剩余寿命间接预测方法[J]. 中国科技论文, 2014, 9(1): 28-36.

[10] ORCHARD M E, VACHTSEVANOS G J. A particle filtering approach for on-line fault diagnosis and failure prognosis[J]. Transactions of the Institute of Measurement and Control, 2009, 31(3-4): 221-246.

[11] AN D, CHOI J H, KIM N H. Prognostics 101: A tutorial for particle filter-based prognostics algorithm using Matlab[J]. Reliability Engineering and System Safety, 2013 (115): 161-169.

[12] SAHA B, QUACH C C, GOEBEL K. Optimizing battery life for electric UAVS using a Bayesian framework[C]. IEEE Aerospace conference, Dayton, 2012.

[13] QIN H, ZHA B, SUN Q, et al. Capacity fast prediction and residual useful life estimation of valve regulated lead acid battery[J]. Mathematical Problems in Engineering, 2017: 1-9.

# 第 5 章　基于加速模型的劣化系统剩余寿命预测方法

长寿命产品在额定工作应力下进行退化试验需要大量的时间和费用，并且难以观测到其退化值。为了克服这一困难，本章结合工程实际，采用加速退化试验技术，通过提高应力水平加快产品的退化速率，搜集产品在高应力水平下的性能退化数据，并利用这些数据估计产品可靠性及预测产品在正常使用条件下的寿命。本章的案例分析基于单应力及多应力加速模型的劣化系统剩余寿命预测方法，以锂离子电池为应用对象进行模型和方法的验证。

## 5.1　引　　言

由于系统性能和可靠性水平的不断改善和提高，系统在正常工作环境下性能退化速度非常缓慢，难以在短时间内获得失效数据，因此利用传统可靠性分析方法难以估计其寿命和可靠性。随着基于性能退化的长寿命产品寿命预测技术的发展，可利用加速退化试验技术快速获取系统性能退化数据，然后建立加速退化模型，反映应力与退化的关系，外推系统在正常应力下的可靠性水平或剩余寿命。但是，基于多应力加速模型的系统剩余寿命预测问题在目前并未得到很好的解决。

本章将重点对单应力、多应力加速模型（通常包括艾林模型、多项式加速模型、广义对数线性模型、Cox 模型等）进行较为详细的描述。通过应用加速退化试验技术，研究提高系统试验应力水平的因素，如电压、电流、温度、湿度、盐雾等，加快其性能退化速度的同时，通过建立加速模型及应力与系统关键退化参数特征的联系，研究单应力及多应力加速模型的劣化系统剩余寿命预测方法。

## 5.2　加速退化模型

### 5.2.1　单应力加速退化模型

1. 阿列纽斯模型

1889 年，阿列纽斯（Arrhenius）在研究温度对酸催化蔗糖水解转化反应的基础上总结出：某产品的性能退化速率与激活能的指数成反比，与温度倒数的指数成正比。此后，阿列纽斯模型被广泛用于描述温度对化学反应率的影响，现已逐步推广到描述温度对各种产品性能退化率的影响。它是一种经验模型，具体模型为

$$R = \gamma_0 \exp\left(\frac{-E_a}{k \times \text{temp}K}\right)$$

式中，$\text{temp}K = \text{temp} + 273.15$；$k$ 为波尔兹曼常数或通用气体常数，$k = 8.6171 \times 10^{-5} = 1/11605\text{eV/K}$；$E_a$ 为激活能，eV。

阿列纽斯加速因子为

$$A_{\text{f\_Ar}} = \frac{R}{R_U} = \exp\left[E_a\left(\frac{11605}{\text{temp}_{UK}} - \frac{11605}{\text{temp}K}\right)\right]$$

对阿列纽斯模型稍作变化，即可得到艾林模型：

$$R = \gamma_0 \times A(\text{temp}) \times \exp\left(\frac{-E_a}{k \times \text{temp}K}\right)$$

式中，$A(\text{temp})$ 为温度的函数，一般取 $A(\text{temp}) = (\text{temp}K)^m$，艾林加速因子为

$$A_{\text{f\_Ey}} = \left(\frac{\text{temp}K}{\text{temp}_U K}\right) \times A_{\text{f\_Ar}}$$

2. 逆幂率模型

在加速试验中用电应力作为加速应力非常常见。逆幂率模型通常用来描述电应力、压力等对产品退化率的影响，它是一个经验模型。假设产品退化率为 $R$，应力为 $V$，则

$$R = aV^{-b}$$

加速因子为

$$A_{\text{f\_Pr}} = \frac{R}{R_U} = \left(\frac{V}{V_U}\right)^{-b}$$

对逆幂率模型取对数为

$$\ln R = \ln a - b\ln V$$

令 $\beta_0 = \ln a$，$\beta_1 = -b$，$x = \ln V$，有

$$\ln R = \beta_0 + \beta_1 x$$

假设 $X_1$ 是加速变量，$X_2$ 是由其他变量构成的集合，考虑以下模型：

$$\ln R = \beta_0 - \beta_1 X_1 + \beta_2' X_2$$

现若用更一般的 Box-Cox 模型取代，得到

$$\ln R = \gamma_0 + \gamma_1 W_1 + \gamma_2' x_2$$

其中：

$$W_1 = \begin{cases} \dfrac{x_1^{\lambda} - 1}{\lambda}, & \lambda \neq 0 \\ \ln X_1, & \lambda = 0 \end{cases}$$

$W_1$ 为 $\lambda$ 的连续函数，所以 Box-Cox 模型包含所有的幂率模型。对于确定的 $X_2$，Box-Cox 模型的加速因子为

$$A_{\mathrm{f\_Bc}} = \begin{cases} \left[\exp\left(\dfrac{X_{1\mathrm{U}}^{\lambda} - X_1^{\lambda}}{\lambda}\right)\right]^{\gamma_1}, & \lambda \neq 0 \\ \left(\dfrac{X_{1\mathrm{U}}}{X_1}\right)^{\gamma_1}, & \lambda = 0 \end{cases}$$

除了阿列纽斯模型和逆幂率模型外，其余常用的加速模型还有逆对数模型、指数模型及逆线性模型等。

### 5.2.2　多应力加速退化模型

多应力加速方法是目前性能劣化系统分析过程中常用的分析手段，可有效避免因单应力水平太高破坏产品失效机理，同时可有效缩短试验时间。

1. 广义的艾林模型

艾林模型常用于描述温度和另一个非热力学应力，如湿度、电压等同时加速的情形，加速模型可表示为

$$R(\mathrm{temp}, X) = \gamma_0 \times (\mathrm{temp}K)^m \times \exp\left(\frac{-E_{\mathrm{a}}}{k \times \mathrm{temp}K}\right) \times \exp\left(\gamma_2 X + \frac{\gamma_3 X}{k \times \mathrm{temp}K}\right)$$

式中，$X$ 为非热力学应力；$E_{\mathrm{a}} = \gamma_1$；$\gamma_0$、$\gamma_2$、$\gamma_3$ 描述了特定的物理化学过程的特征；$\mathrm{temp}K = \mathrm{temp} + 273.15$；一般情形下，认为 $m = 0$。

2. 温度-电压加速模型

Meeker 和 Escobar[1]在他们的研究工作中分析了温度-电压加速下玻璃电容器性能退化规律，建立了温度应力和电压应力与其寿命分布的位置参数的加速模型。Boyko 和 Gerlach[2]及 Klinger[3]则用广义的艾林模型建立了温度-电压加速模型。

令 $X = \log(\mathrm{volt})$，可得到

$$R(\mathrm{temp}, \mathrm{volt}) = \gamma_0 \times \exp\left(\frac{-E_{\mathrm{a}}}{k \times \mathrm{temp}K}\right) \times \exp\left[\gamma_2 \log(\mathrm{volt}) + \frac{\gamma_3 \log(\mathrm{volt})}{k \times \mathrm{temp}K}\right]$$

在实际应用中，往往假设温度和电压没有相互作用，即 $\gamma_3 = 0$，此时 $R(\mathrm{temp}, \mathrm{volt})$ 可以分成互不相关的两项。

3. 温度-湿度加速模型

湿度是影响产品性能的一个重要因素，与温度-电压加速模型相似，这里可用广义的艾林模型作为温度-湿度加速模型。令 $X=\log(\mathrm{RH})$，可得

$$R(\mathrm{temp},\mathrm{RH})=\gamma_0\times\exp\left(\frac{-E_{\mathrm{a}}}{k\times\mathrm{temp}K}\right)\times\exp\left[\gamma_2\log(\mathrm{RH})+\frac{\gamma_3\log(\mathrm{RH})}{k\times\mathrm{temp}K}\right]$$

若假设温度和湿度没有相互作用，即 $\gamma_3=0$，则以上模型就退化为著名的 Peck 模型[4]，即

$$R(\mathrm{temp},\mathrm{RH})=\gamma_0\times\mathrm{RH}^{\gamma_2}\times\exp\left(\frac{-E_{\mathrm{a}}}{k\times\mathrm{temp}K}\right)$$

4. Hyper-Cuboidal Volume 加速模型

以上都仅建立了两个应力的加速模型，Park 和 Padgett[4]提出 Hyper-Cuboidal Volume 加速模型，假设有 $p$ 个应力同时影响产品性能，$T(\cdot)$ 为任意单调函数，产品退化率为

$$R(S_1,\cdots,S_p)=\eta_0\prod_{i=1}^{p}[T(S_i)]^{\eta_i}$$

式中，$\eta_0,\eta_1,\cdots,\eta_p$ 为待估参数，并将该模型应用于碳膜电阻器和材料疲劳裂纹扩展的加速退化建模中。

该模型将除逆线性模型外的常用加速模型进行了形式上的统一，包括阿列纽斯模型、逆幂律模型、指数模型及逆对数模型等。针对逆线性模型，提出其扩展模型为

$$R(S_1,\cdots,S_p)=\eta_0\prod_{i=1}^{p}(1+\eta_i S_i)$$

## 5.3 单应力加速下劣化系统剩余寿命预测方法

### 5.3.1 单应力加速退化建模方法

单参数产品的加速退化建模与寿命评估方法包括恒定应力加速和步进应力加速。

1）恒定应力加速情形：假设产品的加速退化试验在 $p$ 个应力水平下进行，可分别记为 $\boldsymbol{S}_1,\cdots,\boldsymbol{S}_p$，在应力水平 $\boldsymbol{S}_p$ 下，试验样品数为 $N_p$ 个，对性能参数的测量次数为 $M_p$，第 $j$ 次测量值为 $X_i(t_j\mid\boldsymbol{S}_p)$，相应的测量时刻为 $t_j$，$p=1,\cdots,P$，

$i=1,\cdots,N$，$j=1,\cdots,M_p$。

2）步进应力加速情形：假设有 $N$ 个样品用于加速退化试验，分别在 $p$ 个应力水平下进行，记为 $S_1,\cdots,S_p$，在应力水平 $S_1,\cdots,S_p$ 下，对性能参数的测量次数为 $M_p$，累计观测次数为 $\zeta_p=\sum_{l=1}^{p}M_l$，第 $j$ 次测量值为 $X_i(t_j\,|\,S_p)$，相应的测量时刻为 $t_j$，$p=1,\cdots,P$，$i=1,\cdots,N$，$j=\zeta_{p-1}+1,\cdots,\zeta_p$，$\zeta_0=0$。

1. 基于正态型退化分布的加速退化建模

（1）恒定应力加速

在应力水平 $S_p$ 下，第 $j$ 次性能参数值 $X(t_j\,|\,S_p)=[X_1(t_j\,|\,S_p),\cdots,X_{N_p}(t_j\,|\,S_p)]$ 服从参数为 $\mu(t_j\,|\,S_p)$，$\sigma$（假设与测量时间和应力无关）的正态分布，即 $X_i(t_j\,|\,S_p)\sim N[\mu(t_j\,|\,S_p),\sigma^2]$，则试验数据的似然函数可表示为

$$L=\prod_{p=1}^{P}\prod_{i=1}^{N_p}\prod_{j=1}^{M_p}\frac{1}{\sqrt{2\pi}\sigma}\exp\left\{\frac{[X_i(t_j\,|\,S_p)-\mu(t_j\,|\,S_p)]^2}{2\sigma^2}\right\} \tag{5-1}$$

相应的对数似然函数为

$$\ln L=\sum_{p=1}^{P}\sum_{i=1}^{N_p}\sum_{j=1}^{M_p}\left\{-\ln\sigma\frac{[X_i(t_j\,|\,S_p)-\mu(t_j\,|\,S_p)]^2}{2\sigma^2}\right\}$$

（2）步进应力加速度

在应力水平 $S_p$ 下，第 $j$ 次性能参数值 $\boldsymbol{X}(t_j\,|\,S_p)=[X_1(t_j\,|\,S_p),\cdots,X_n(t_j\,|\,S_p)]$ 服从参数为 $\mu(t_j\,|\,S_p)$，$\sigma$（假设与测量时间和应力无关）的正态分布，即

$$X_i(t_j\,|\,S_p)\sim N[\mu(t_j\,|\,S_p),\sigma^2]$$

则试验数据的似然函数可表示为

$$L=\prod_{i=1}^{N}\prod_{p=1}^{P}\prod_{j=\zeta_{p-1}+1}^{\zeta_p}\frac{1}{\sqrt{2\pi}\sigma}\exp\left\{-\frac{[X_i(t_j\,|\,S_p)-\mu(t_j\,|\,S_p)]^2}{2\sigma^2}\right\}$$

相应的对数似然函数为

$$\ln L=\sum_{i=1}^{N}\sum_{p=1}^{P}\sum_{j=\zeta_{p-1}+1}^{\zeta_p}\left\{-\ln\sigma-\frac{[X_i(t_j\,|\,S_p)-\mu(t_j\,|\,S_p)]^2}{2\sigma^2}\right\} \tag{5-2}$$

对式（5-1）或式（5-2）进行极大似然估计，可求得模型参数的估计值分别为 $\hat{\mu}(t_j\,|\,S_p)$、$\hat{\sigma}$。基于以上估计值，就可以建立 $\hat{\mu}(t_j\,|\,S_p)$ 随时间 $t_j$ 的模型，常用的如线性模型、对数模型、指数模型等。这里以线性模型为例进行详细说明，即

$$\hat{\mu}(t_j\,|\,S_p)=a_p+b_pt_j,\qquad p=1,\cdots,P \tag{5-3}$$

根据式（5-3），易得 $a_p$、$b_p$ 的估计值为 $\hat{a}_p$、$\hat{b}_p$。进一步，利用加速模型可建

立参数 $\hat{a}_p$ 、$\hat{b}_p$ 与应力水平 $S_p$ 的关系，并估计 $\hat{a}_p$ 的加速模型参数为 $(\hat{a}_a,\hat{b}_a)$，$\hat{b}_p$ 的加速模型参数为 $(\hat{a}_b,\hat{b}_b)$。因此，可外推额定应力下 $\mu(t|S_0)$ 的模型参数为

$$a_0 = A(\hat{a}_a,\hat{b}_a,S_0)$$

$$b_0 = A(\hat{a}_b,\hat{b}_b,S_0)$$

$$R(t) = 1 - P(y \leqslant D_f) = 1 - \Phi\left[\frac{D_f - \mu_y(t)}{\sigma_y(t)}\right] \tag{5-4}$$

$$R(t) = 1 - P(y \geqslant D_f) = \Phi\left[\frac{D_f - \mu_y(t)}{\sigma_y(t)}\right] \tag{5-5}$$

式中，$A$ 为加速方程，代入式（5-4）或式（5-5）即可对产品在额定应力下的平均寿命、可靠寿命等特征量进行评估。

2. 基于韦布尔型退化分布的加速退化建模

（1）恒定应力加速

在应力水平 $S_p$ 下，第 $j$ 次性能参数值 $X(t_j|S_p) = [X_1(t_j|S_p),\cdots,X_{N_p}(t_j|S_p)]$ 服从参数为 $\eta(t_j|S_p)$，$m$（假设与测量时间和应力无关）的韦布尔分布，即

$$X_i(t_j|S_p) \sim \mathrm{Wbl}[\eta(t_j|S_p),m]$$

则试验数据的似然函数可表示为

$$L = \prod_{p=1}^{P}\prod_{i=1}^{N_p}\prod_{j=1}^{M_p}\frac{m_i}{\eta(t_j|S_p)}\left[\frac{x_i(t_j|S_p)}{\eta(t_j|S_p)}\right]^{m-1}\exp\left\{-\left[\frac{X_i(t_j|S_p)}{\eta(t_j|S_p)}\right]^m\right\}$$

相应的对数似然函数为

$$\ln L = \sum_{p=1}^{P}\sum_{i=1}^{N_p}\sum_{j=1}^{M_p}\left\{\ln m - m\ln\eta(t_j|S_p) + (m-1)\ln X_i(t_j|S_p) - \left[\frac{X_i(t_j|S_p)}{\eta(t_j|S_p)}\right]^m\right\} \tag{5-6}$$

（2）步进应力加速

在应力水平 $S_p$ 下，第 $j$ 次性能参数值 $\boldsymbol{X}(t_j|S_p) = [X_1(t_j|S_p),\cdots,X_N(t_j|S_p)]$ 服从参数为 $\eta(t_j|S_p)$，$m$（假设与测量时间和应力无关）的韦布尔分布，即

$$X_i(t_j|S_p) \sim \mathrm{Wbl}[\eta(t_j|S_p),m]$$

则试验数据的似然函数可表示为

$$L = \prod_{i=1}^{N}\prod_{p=1}^{P}\prod_{j=\zeta_{p-1}+1}^{\zeta_p}\frac{m}{\eta(t_j|S_p)}\left[\frac{X_i(t_j|S_p)}{\eta(t_j|S_p)}\right]^{m-1}\exp\left\{-\left[\frac{X_i(t_j|S_p)}{\eta(t_j|S_p)}\right]^m\right\}$$

相应的对数似然函数为

$$\ln L=\sum_{i=1}^{N}\sum_{p=1}^{P}\sum_{\zeta_{p-1}+1}^{\zeta_p}\left\{\ln m-m\ln\eta(t_j\,|\,S_p)+(m-1)\ln X_i(t_j\,|\,S_p)-\left[\frac{X_1(t_j\,|\,S_p)}{\eta(t_j\,|\,S_p)}\right]^m\right\}\tag{5-7}$$

由式（5-6）或式（5-7），可采用极大似然估计求得模型参数的估计值分别为 $\hat{\eta}(t_j\,|\,S_p)$、$\hat{m}$。基于以上估计值，即可建立 $\hat{\eta}(t_j\,|\,S_p)$ 随时间 $t_j$ 的模型，常用的如线性模型、对数模型、指数模型等。同样，这里以线性模型为例进行详细说明，即

$$\hat{\eta}(t_j\,|\,S_p)=a_p+b_pt_j,\qquad p=1,\cdots,P\tag{5-8}$$

根据式（5-8），易得 $a_p$、$b_p$ 的估计值为 $\hat{a}_p$、$\hat{b}_p$。进一步，利用加速模型可建立参数 $\hat{a}_p$、$\hat{b}_p$ 与应力水平 $S_p$ 的关系，并估计 $\hat{a}_p$ 的加速模型参数为 $(\hat{a}_a,\hat{b}_a)$，$\hat{b}_p$ 的加速模型参数为 $(\hat{a}_b,\hat{b}_b)$。因此，可外推额定应力下 $\eta(t\,|\,S_0)$ 的模型参数为

$$a_0=A(\hat{a}_a,\hat{b}_a,S_0),\quad b_0=A(\hat{a}_b,\hat{b}_b,S_0)$$

将 $a_0$、$b_0$ 代入式（5-4）或式（5-5），即可对产品在额定应力下的平均寿命、可靠寿命等特征量进行评估。

### 3. 基于维纳过程的加速退化建模

（1）恒定应力加速

若产品的性能退化过程可用维纳过程建模，则由其性质，样品 $i$ 在时刻 $t_{j-1}$、$t_j$ 之间的性能退化量，$\Delta X_i(t_j\,|\,S_p)=X_i(t_j\,|\,S_p)-X_i(t_{j-1}\,|\,S_p)$ 服从以下正态分布：

$$\Delta X_i(t_j\,|\,S_p)\sim N[\mu(S_p)\Delta t_j,\sigma^2\Delta t_j]$$

式中，漂移系数 $\mu(S_p)$ 与应力相关，扩散系数 $\sigma$ 与应力无关，$\Delta t_j=t_j-t_{j-1}$，$t_0=0$，$i=1,\cdots,n$，$j=1,\cdots,m_i$。

由恒定应力加速退化数据得到的似然函数为

$$L=\prod_{p=1}^{P}\prod_{i=1}^{N_p}\prod_{j=1}^{M_p}\frac{1}{\sqrt{2\pi\Delta t_j}\sigma}\exp\left\{-\frac{[\Delta X_i(t_j\,|\,S_p)-\mu(S_p)\Delta t_j]^2}{2\sigma^2\Delta t_j}\right\}\tag{5-9}$$

则相应的对数似然函数为

$$\ln L=\sum_{p=1}^{P}\sum_{i=1}^{N_p}\sum_{j=1}^{M_p}\left\{-\frac{1}{2}\ln\Delta t_j-\ln\sigma-\frac{[\Delta X_i(t_j\,|\,S_p)-\mu(t_j\,|\,S_p)\Delta t_j]^2}{2\sigma^2\Delta t_j}\right\}$$

（2）步进应力加速

类似于恒定应力情形，可得步进应力情形的似然函数为

$$L=\prod_{i=1}^{N}\prod_{p=1}^{P}\prod_{j=\zeta_{p-1}+1}^{\zeta_p}\frac{1}{\sqrt{2\pi\Delta t_j\sigma}}\exp\left\{-\frac{[\Delta X_i(t_j\,|\,S_p)-\mu(S_p)\Delta t_j]^2}{2\sigma^2\Delta t_j}\right\}$$

则相应的对数似然函数为

$$\ln L = \sum_{i=1}^{N}\sum_{p=1}^{P}\sum_{j=\zeta_{p-1}+1}^{\zeta_p}\left\{-\frac{1}{2}\ln\Delta t_j - \ln\sigma - \frac{[\Delta X_i(t_j\mid S_p)-\mu(S_p)\Delta t_j]^2}{2\sigma^2\Delta t_j}\right\} \tag{5-10}$$

由加速模型建立 $\mu(S_p)$ 与应力 $S_p$ 的关系，$\mu(S_p)=A(a,b,S_p)$，并代入式（5-9）或式（5-10），利用极大似然估计方法，可得到模型参数估计值 $\hat{a}$、$\hat{b}$ 和 $\hat{\sigma}$。进而，可外推额定应力水平 $S_0$ 下的形状参数 $\mu(S_0)$，根据式（5-11）可对产品在额定应力下的平均寿命、可靠寿命等特征量进行评估。

$$F(t;D_f)=\Phi\left[\frac{1}{\alpha}\left(\sqrt{\frac{t}{\beta}}-\sqrt{\frac{\beta}{t}}\right)\right],\ t>0 \tag{5-11}$$

4. 基于伽马过程的加速退化建模

（1）恒定应力加速

若产品的性能退化过程可用伽马过程建模，则由其性质，样品 $i$ 在时刻 $t_{j-1}$、$t_j$ 之间的性能退化量，$\Delta X_i(t_j\mid S_p)=X_i(t_j\mid S_p)-X_i(t_{j-1}\mid S_p)$ 服从以下伽马分布：

$$\Delta X_i(t_j\mid S_p)\sim \mathrm{Ga}[\nu(S_p)\Delta t_j,u]$$

式中，$\Delta t_j=t_j-t_{j-1}$，$t_0=0$；$i=1,\cdots,n$；$j=1,\cdots,m_i$；$u$ 与应力无关。

由恒定应力加速退化数据得到的似然函数为

$$L=\prod_{p=1}^{P}\prod_{i=1}^{N_p}\prod_{j=1}^{M_p}\frac{1}{\Gamma[\nu(S_p)\Delta t_j]u^{\nu(S_p)\Delta t_j}}[\Delta X_i(t_j\mid S_p)]^{\nu(S_p)\Delta t_j-1}\exp\left[-\frac{\Delta X_i(t_j\mid S_p)}{u}\right]$$

则相应的对数似然函数为

$$\ln L=\sum_{p=1}^{P}\sum_{i=1}^{N_p}\sum_{j=1}^{M_p}\left\{-\frac{1}{2}\ln\Gamma[\nu(S_p)\Delta t_j]-\nu(S_p)\Delta t_j\ln u+[\nu(S_p)\Delta t_j-1]\ln\Delta X_i(t_j\mid S_p)-\frac{\Delta X_i(t_j\mid S_p)}{u}\right\} \tag{5-12}$$

（2）步进应力加速

类似于恒定应力情形，由性能退化数据得到的步进应力情形的似然函数为

$$L=\prod_{p=1}^{P}\prod_{i=1}^{N_p}\prod_{j=1}^{M_p}\frac{1}{\Gamma[\nu(S_p)\Delta t_j]u^{\nu(S_p)\Delta t_j}}[\Delta X_i(t_j\mid S_p)]^{\nu(S_p)\Delta t_j-1}\exp\left[-\frac{\Delta X_i(t_j\mid S_p)}{u}\right] \tag{5-13}$$

则相应的对数似然函数为

$$\ln L=\sum_{i=1}^{N}\sum_{p=1}^{P}\sum_{\zeta_{p-1}+1}^{\zeta_p}\left\{-\frac{1}{2}\ln\Gamma[\nu(S_p)\Delta t_j]-\nu(S_p)\Delta t_j\ln u+[\nu(S_p)\Delta t_j-1]\ln\Delta X_i(t_j\mid S_p)-\frac{\Delta X_i(t_j\mid S_p)}{u}\right\}$$

由加速模型建立 $\nu(S_p)$ 与应力 $S_p$ 的关系，$\nu(S_p)=A(a,b,S_p)$，并代入式（5-12）及式（5-13），利用极大似然估计方法，可得到模型参数估计值 $\hat{a}$、$\hat{b}$ 和 $\hat{u}$。进而，

可外推额定应力水平 $S_0$ 下的形状参数 $v(S_0)$，根据式（5-11）可对产品在额定应力下的平均寿命、可靠寿命等特征量进行评估。

### 5.3.2 单应力加速下劣化系统剩余寿命预测

1. 未来恒定应力剖面下剩余寿命预测

首先关注未来应力剖面为恒定应力情形下的剩余寿命分布估计问题。在利用维纳过程描述产品退化过程时，失效时间通常定义为关键性能参数首次达到或超过失效阈值对应的时刻，即维纳过程中的首达时概念。

需要注意的是，这里的失效阈值又可以分为固定失效阈值和随机失效阈值两种类型。Klinger[5]将退化失效细分为软失效和硬失效。软失效的一个典型示例是日常使用的灯泡，灯泡在其工作期间亮度会不断下降，因此其失效可以定义为亮度下降到某个指定水平（如初始亮度的 60%），此时 60%就是一种固定失效阈值。对于另外一些产品，其失效的定义更为明确，即产品停止工作。例如，某些特殊功能的电阻在工作期间阻值会发生退化，不断偏离初始值，当阻值偏离初始值较大时，会导致系统发生崩溃。该类产品失效时对应的失效阈值并没有明确的规定值，而是因产品个体、环境、负载等因素而异，因此这类失效称为硬失效。对于硬失效，一种更合适的做法是将其失效阈值设为一个服从某种随机分布的随机变量。显然，当失效阈值为随机变量时，求解寿命分布需要对失效阈值进行一次积分，这会大大增加寿命分布解析表达式的推导难度。由于工程上多数退化失效产品有固定失效阈值，因此本章暂不讨论失效阈值为随机变量时的剩余寿命预测问题。

对于在线工作到 $t_k$ 时刻的某产品个体，记 $t_k$ 时刻之前关键性能参数与应力观测值分别为 $\boldsymbol{Y}_{1:k}$ 和 $\boldsymbol{S}_{1:k}$，另记失效阈值为 $\omega$。从首达时概念出发，该产品个体未来在恒定应力 $S$ 下的剩余寿命 $RL_k^S$ 定义如下：

$$RL_k^S = \inf\{t : y_k + y(t,S) \geqslant \omega \mid \boldsymbol{Y}_{1:k}, \boldsymbol{S}_{1:k}\} \tag{5-14}$$

剩余寿命 $RL_k^S$ 等价于维纳过程 $\{y'(t), t \geqslant 0\}$ 在失效阈值 $(\omega - y_k)$ 下的首达时[6]：

$$y'(t) = v_k(S)t + \sigma B(t) \tag{5-15}$$

式中，$v_k(S) = a_k + b_k S$。

$(a_k, b_k)'$ 为更新到 $t_k$ 时刻的退化模型随机效应参数，它们是一组服从二元正态分布的随机变量，期望向量为 $(\mu_{ak}, \mu_{bk})'$，方差向量为 $(\sigma_{ak}^2, \sigma_{bk}^2)'$，相关系数为 $\rho_k$。

根据二元正态分布性质，$t_k$ 时刻应力 $S$ 对应的漂移系数 $v_k(S)$ 服从期望为 $E[v_k(S)] = E(a_k + b_k S) = \mu_{ak} + \mu_{bk} S$，方差为 $\mathrm{Var}[v_k(S)] = \mathrm{Var}(a_k + b_k S) = \sigma_{ak}^2 + \sigma_{bk}^2 S^2 + 2S\rho_k \sigma_{ak}\sigma_{bk}$ 的正态分布。

此时，对于在线工作到 $t_k$ 时刻的产品个体，未来在恒定应力 $S$ 下的剩余寿命预测问题转化为含随机效应参数的维纳过程首达时分布估计问题。也就是说，剩

余寿命 $RL_k^S$ 分布等价于漂移系数为正态分布随机变量 $v_k(S)$、扩散系数为常量 $\sigma$ 的一元线性漂移维纳过程在失效阈值 $(\omega-y_k)$ 下的首达时分布。

上述首达时分布概率密度函数解析表达式可以通过逆高斯分布概率密度函数对漂移系数积分得到，即 $RL_k^S$ 的概率密度函数和累积失效分布函数分别为

$$f_{RL_k^S}(t)=\sqrt{\frac{\omega_k^2}{2\pi t^3(\sigma_{v_k}^2 t+\sigma^2)}}\exp\left[-\frac{(\omega_k-\mu_{v_k}t)^2}{2t(\sigma_{v_k}^2 t+\sigma^2)}\right] \tag{5-16}$$

$$F_{RL_k^S}(t)=\varPhi\left(\frac{\mu_{v_k}t-\omega_k}{\sqrt{\sigma_{v_k}^2 t^2+\sigma^2 t}}\right)+\exp\left(\frac{2\mu_{v_k}\omega_k}{\sigma^2}+\frac{2\sigma_{v_k}^2\omega_k^2}{\sigma^4}\right)\times\varPhi\left[-\frac{2\sigma_{v_k}^2\omega_k t+\sigma^2(\mu_{v_k}t+\omega_k)}{\sigma^2\sqrt{\sigma_{v_k}^2 t^2+\sigma^2 t}}\right] \tag{5-17}$$

式中，$\omega_k=\omega-y_k$；$\mu_{v_k}=E[v_k(S)]$；$\sigma_{v_k}^2=\mathrm{Var}[v_k(S)]$。

式（5-16）和式（5-17）推导过程如下。

引理 5-1[7]：若随机变量 $Z\sim N(\mu_0,\sigma_0^2)$，对于任意 $A$、$B$、$C\in\mathbf{R}$，下述公式成立：

$$E_Z[\exp(CZ)\varPhi(A+BZ)]=\exp\left(C\mu_0+\frac{C^2\sigma_0^2}{2}\right)\varPhi\left(\frac{A+C\mu_0+CB\sigma_0^2}{\sqrt{1+\sigma_0^2}}\right)$$

式中，$E_Z(\cdot)$ 为对 $Z$ 求期望。

对于漂移系数是 $v$、扩散系数是 $\sigma$、失效阈值为 $\omega$ 的标准维纳过程，其首达时 $T$ 服从逆高斯分布，即

$$F_T(t\mid v,\sigma,\omega)=\varPhi\left(\frac{vt-\omega_k}{\sqrt{\sigma^2 t}}\right)+\exp\left(\frac{2v\omega_k}{\sigma^2}\right)\times\varPhi\left(-\frac{vt+\omega_k}{\sigma\sqrt{t}}\right) \tag{5-18}$$

若 $v\sim N(\mu_{v_k},\sigma_{v_k}^2)$，则

$$F_T(t)=E_v[F_T(t\mid v,\sigma,\omega)]=E_v\left[\varPhi\left(\frac{vt-\omega_k}{\sqrt{\sigma^2 t}}\right)\right]+E_v\left[\exp\left(\frac{2v\omega_k}{\sigma^2}\right)\times\varPhi\left(-\frac{vt+\omega_k}{\sigma\sqrt{t}}\right)\right] \tag{5-19}$$

利用引理 5-1，即可由式（5-19）推导得到式（5-17）；对式（5-17）进行求导，即可得到式（5-18），推导完毕。

很明显，某产品经应力剖面 $\boldsymbol{S}_{1:k}=(S_1,S_2,\cdots,S_k)$ 退化至 $t_k$ 时刻，其未来在恒定应力 $S$ 下的剩余寿命概率密度函数 $f_{L_k}(t\mid S)$ 包含了 $t_k$ 之前的退化信息和应力信息，该过程是通过贝叶斯更新实现的。值得注意的是，$f_{L_k}(t\mid S)$ 是关于应力 $S$ 的函数，因此相比传统剩余寿命预测方法，本章方法在进行剩余寿命预测时充分考虑了未来应力对产品剩余寿命的影响。

对于在线工作的产品，每当获取新的一组退化数据和应力数据后，即可执行

一次上述剩余寿命预测过程。也就是说，当观测到新的退化数据和应力数据后，首先更新随机效应参数$(a,b)'$，得到其后验分布；然后将公式更新后的参数代入式（5-16）和式（5-17）中，得到指定应力$S$下的剩余寿命分布概率密度函数和累积分布函数。维修决策中常关注的剩余寿命特征量包括剩余寿命期望值、中位值和区间估计等，这些特征量都可以通过剩余寿命概率密度函数和累积分布函数计算出来，此处不再赘述。

2. 未来时变应力剖面下剩余寿命预测

前面讨论了未来应力为恒定应力情形下的剩余寿命预测方法，给出了恒定应力下的剩余寿命概率密度函数解析表达式。然而，产品在实际工作过程中，很多时候应力是随时间不断变化的，因此还需要研究未来应力剖面为非恒定情形下的剩余寿命预测方法。

同样地，记某产品在$t_1<t_2<\cdots<t_k$时刻的性能退化量和应力分别为$\boldsymbol{Y}_{1:k}$和$\boldsymbol{S}_{1:k}$。前面假设$t_k$时刻之后产品会一直在恒定应力$S$下继续工作，给出的是$S$应力下的剩余寿命预测结果，但产品在实际工作过程中，更多的情况是未来产品仍继续在时变应力下工作，假设$t_k$时刻之后产品经历的时变应力可以表示为离散序列$\{S_{k+1},S_{k+2},\cdots\}$。这里仍假设相邻两次应力之间对应的时间间隔为单位时间 1。

当应力随时间变化时，式（5-15）中的维纳过程漂移系数也成为随时间变化的变量，对于这种情况，很难像式（5-16）那样得到剩余寿命分布概率密度函数的解析表达式。因此，考虑利用蒙特卡洛仿真方法近似估计时变应力剖面下的剩余寿命分布。蒙特卡洛仿真方法求解剩余寿命分布的基本思想如下：利用更新到$t_k$时刻的退化模型和$t_k$时刻之后的应力剖面$\{S_{k+1},S_{k+2},\cdots\}$生成多条退化轨道样本，进而根据失效判据分别得到这些仿真退化轨道样本的剩余寿命，然后用这些仿真得到的剩余寿命近似估计时变应力下的剩余寿命分布。

对于工作至$t_k$时刻的某产品，假设其在之后的$m$个单位时间内应力剖面为$\{S_{k+1},S_{k+2},\cdots,S_{k+m}\}$，则对应的未来$m$步性能参数仿真轨道$\boldsymbol{Y}_{k+1:k+m}$生成方法如下：

---

**Step 1** 从$t_k$时刻随机效应参数后验分布$\mathrm{BVN}(\mu_{ak},\sigma_{ak}^2,\mu_{bk},\sigma_{bk}^2,\rho_k)$中随机生成样本$(a_k^*,b_k^*)'$；

**Step 2** 根据维纳过程定义，从正态分布$N(a_k^*+b_k^*\cdot S_{k+j},\sigma^2)$中生成退化增量样本$\Delta y_j$，$j=1,2,\cdots,m$；

**Step 3** 令$y_{k+j}=y_{k+j-1}+\Delta y_j$，其中$j=1,2,\cdots,m$。

---

重复 Step 1～Step 3 共计$N$次（$N$为一个较大的正整数，如$N=1000$），即可得到$N$条$t_k$之后的仿真退化轨道。根据维纳过程首达时定义，$\boldsymbol{Y}_{k+1:k+j}$对应的剩余

寿命记为其首次达到或超过失效阈值$\omega$的时间。利用$N$条仿真退化轨道，即可得到$N$个剩余寿命仿真值，记为$\{RL_k^1, RL_k^2, \cdots, RL_k^N\}$。

得到剩余寿命$\{RL_k^1, RL_k^2, \cdots, RL_k^N\}$后，可以利用样本直方图近似剩余寿命概率密度曲线。此外，维修决策中常关注的剩余寿命期望值、中位值、区间估计等特征值同样可以通过$\{RL_k^1, RL_k^2, \cdots, RL_k^N\}$得到，具体方法如下。

1）将剩余寿命$\{RL_k^1, RL_k^2, \cdots, RL_k^N\}$按从小到大的顺序排列，即

$$RL_k^{(1)} < RL_k^{(2)} < \cdots < RL_k^{(N)}$$

2）$t_k$时刻剩余寿命期望值近似估计为

$$\frac{1}{N}\sum_{i=1}^{N} RL_k^{(i)}$$

3）$t_k$时刻剩余寿命中位值近似估计为

$$\begin{cases} RL_k^{\left(\frac{N+1}{2}\right)}, & N\text{是奇数} \\ \left[ RL_k^{\left(\frac{N}{2}-1\right)} + RL_k^{\left(\frac{N}{2}+1\right)} \right] \Big/ 2, & N\text{是偶数} \end{cases}$$

4）$t_k$时刻剩余寿命$100 \cdot (1-\alpha)\%$置信区间近似估计为

$$[RL_k^{(\mathrm{BL})}, RL_k^{(\mathrm{BU})}]$$

式中，$\mathrm{BL} = \left\lfloor \frac{\alpha}{2} \cdot N \right\rfloor$；$\mathrm{BU} = \left\lfloor \left(1 - \frac{\alpha}{2}\right) \cdot N \right\rfloor$；符号$\lfloor \cdot \rfloor$代表取最近整数。

## 5.4　多应力加速下劣化系统剩余寿命预测方法

### 5.4.1　多应力加速退化建模方法

一些产品的性能特征量的退化过程同时受到多个应力影响。例如，碳膜电阻器阻值的退化同时受电压和温度的影响，油漆、涂料等性能退化同时受到温度和湿度的影响。因此，在对产品进行加速退化试验过程中，可同时提高多个应力的水平，这就带来了多应力加速情形下的退化建模问题。本节将重点讨论多应力恒定加速下的维纳过程退化建模方法。

假设产品性能退化过程为非线性维纳过程。产品的性能退化受到$L$个应力的影响，记为$S_l$，$l=1,2,\cdots,L$。在组合应力水平$\boldsymbol{S}_p=(S_{1p}, S_{2p}, \cdots, S_{Lp})$下，对应的产品数为$N_p$，测量次数为$M_p$，第$i$个产品的第$j$次测量为$W_i(t_j \mid \boldsymbol{S}_p)$，对应的采样时刻为$t_j$，$p=1,2,\cdots,P$，$i=1,2,\cdots,N_p$，$j=1,2,\cdots,M_p$。记

$$\Delta W_i(t_j \mid \boldsymbol{S}_p) = W_i(t_j \mid \boldsymbol{S}_p) - W_i(t_{j-1} \mid \boldsymbol{S}_p), \quad t_0 = 0$$

根据维纳过程的独立增量特性：

$$\Delta W_i(t_j \mid \boldsymbol{S}_p) \sim N[\mu(\boldsymbol{S}_p)\Delta\tau(t_j), \sigma^2\Delta\tau(t_j)], \quad \Delta\tau(t_j) = \tau(t_j) - \tau(t_{j-1}) \tag{5-20}$$

可得似然函数为

$$L(\boldsymbol{\theta}) = \prod_{p=1}^{P}\prod_{i=1}^{N_p}\prod_{j=1}^{M_p}\frac{1}{\sqrt{2\pi\sigma^2\Delta\tau(t_j)}}\cdot\exp\left\{\frac{[\Delta W_i(t_j \mid \boldsymbol{S}_p) - \mu(\boldsymbol{S}_p)\Delta\tau(t_j)]^2}{2\sigma^2\Delta\tau(t_j)}\right\} \tag{5-21}$$

相应的对数似然函数为

$$\ln L(\boldsymbol{\theta}) = \sum_{p=1}^{P}\sum_{i=1}^{N_p}\sum_{j=1}^{M_p}\left\{-\frac{1}{2}\ln[2\pi\sigma^2\Delta\tau(t_j)] - \frac{[\Delta W_i(t_j \mid \boldsymbol{S}_p) - \mu(\boldsymbol{S}_p)\Delta\tau(t_j)]^2}{2\sigma^2\Delta\tau(t_j)}\right\} \tag{5-22}$$

当确定 $\tau(\cdot)$ 的函数形式和加速方程后，代入式（5-22），利用极大似然估计方法即可得到模型参数。$\tau(\cdot)$ 可选择指数函数、幂函数等，加速方程根据应力类型确定。

### 5.4.2　多应力加速下劣化系统剩余寿命预测

假设 $t_k$ 时刻关键性能参数与应力观测值分别为 $W_{1:k}$ 和 $\boldsymbol{S}_{1:k}$，另记失效阈值为 $\omega$，定义该系统未来在应力 $\boldsymbol{S}$ 下的剩余寿命 $RL(t_k, \boldsymbol{S})$ 如下：

$$RL(t_k, \boldsymbol{S}) = \inf\{t : W_k + W(t, \boldsymbol{S}) \geqslant \omega \mid W_{1:k}, \boldsymbol{S}_{1:k}\} \tag{5-23}$$

剩余寿命 $RL(t_k, \boldsymbol{S})$ 等价于维纳过程 $\{W'(t), t \geqslant 0\}$ 首次到达失效阈值 $(\omega - W_k)$ 时的时间：

$$W'(t) = v_k(\boldsymbol{S})t + \sigma B(t) \tag{5-24}$$

式中，$v_k(\boldsymbol{S})$ 的形式需要根据应力类型，进一步建立多应力加速模型来确定。

记 $\boldsymbol{\theta}'$ 为多应力加速模型更新到 $t_k$ 时刻的退化模型随机效应参数，一般认为它们是一组服从多元正态分布的随机变量。

因此，将应力水平 $\boldsymbol{S}$ 下的系统的剩余寿命预测问题转化为含随机效应参数的维纳过程首达时分布估计问题。也就是说，系统剩余寿命 $RL(t_k, \boldsymbol{S})$ 分布等价于漂移系数为正态分布随机变量 $v_k(\boldsymbol{S})$、扩散系数为常量 $\sigma$ 的一元线性漂移维纳过程在失效阈值 $(\omega - y_k)$ 下的首达时分布。

剩余寿命 $RL(t_k, \boldsymbol{S})$ 分布概率密度函数解析表达式可以通过逆高斯分布概率密度函数对漂移系数积分得到，即 $\boldsymbol{\theta}$ 的概率密度函数和累积失效分布函数分别为

$$f_{RL(t_k,\boldsymbol{S})}(t) = \sqrt{\frac{\omega_k^2}{2\pi t^3(\sigma_{v_k}^2 t + \sigma^2)}}\exp\left[-\frac{(\omega_k - \mu_{v_k}t)^2}{2t(\sigma_{v_k}^2 t + \sigma^2)}\right] \tag{5-25}$$

$$F_{RL(t_k,\boldsymbol{S})}(t)=\Phi\left(\frac{\mu_{v_k}t-\omega_k}{\sqrt{\sigma_{v_k}^2t^2+\sigma^2t}}\right)+\exp\left(\frac{2\mu_{v_k}\omega_k}{\sigma^2}+\frac{2\sigma_{v_k}^2\omega_k^2}{\sigma^4}\right)\times\Phi\left[-\frac{2\sigma_{v_k}^2\omega_kt+\sigma^2(\mu_{v_k}t+\omega_k)}{\sigma^2\sqrt{\sigma_{v_k}^2t^2+\sigma^2t}}\right] \tag{5-26}$$

式中，$\omega_k=\omega-y_k$；$\mu_{v_k}=E[v_k(\boldsymbol{S})]$；$\sigma_{v_k}^2=\mathrm{Var}[v_k(\boldsymbol{S})]$。

通过以上分析容易知道，某系统经应力剖面 $\boldsymbol{S}_{1:k}=(S_1,S_2,\cdots,S_k)$ 退化至 $t_k$ 时刻。通过贝叶斯更新可知，应力水平 $\boldsymbol{S}$ 下的剩余寿命概率密度函数 $f_{RL(t_k,\boldsymbol{S})}(t\mid\boldsymbol{S})$ 包含 $t_k$ 之前的退化信息和应力信息。值得注意的是，$f_{RL(t_k,\boldsymbol{S})}(t\mid\boldsymbol{S})$ 是关于应力 $\boldsymbol{S}$ 的函数，因此在进行剩余寿命预测时，应充分考虑系统在实际运行过程中多个应力变化对系统剩余寿命的影响。

## 5.5　案例分析 1：电流应力加速下锂离子电池剩余寿命预测

本节通过一个真实试验与仿真试验相结合的案例验证单应力加速下劣化系统剩余寿命预测方法的有效性。该案例来源于某型号锂离子电池在不同放电倍率下的循环寿命试验。放电倍率对锂离子电池循环寿命和容量退化有显著影响，因此放电倍率可以看作锂离子电池的一种工作应力。

### 5.5.1　试验方法

为研究额定容量为 1.5A · h 的某动力型镍钴锰氧化物正极碳负极锂离子电池容量衰减规律，对一批电池进行了不同充放电模式下的循环寿命试验，具体包括不同充放电倍率下的循环寿命试验、不同放电深度下的循环寿命试验和不同温度下的循环寿命试验等。结果表明，放电倍率和温度会显著影响锂离子电池容量退化速率，进而影响其循环寿命。本研究主要关注不同充放电倍率下的锂离子电池容量退化数据，将充放电倍率作为影响锂离子电池容量退化的一种关键应力，利用试验数据仿真出放电倍率随时间变化情形下的容量退化轨道，进而验证本章所提剩余寿命预测方法的有效性。在电池循环寿命试验过程中，充放电策略采用传统的恒流恒压充电和恒流放电制度。不同充放电倍率下的循环寿命试验具体流程如下：

1）恒流充电至电池电压达到充电截止电压 4.2V；

2）转恒压充电至电流不大于 0.075A 或恒压充电时间不小于 2 天；

3）恒流放电至放电深度达到 50%，即放出额定容量 50%的电量；

4）重复上述过程至达到规定充放电循环次数。

对于同一个电池单体，其恒流充电阶段和恒流放电阶段均采用相同倍率大小电流。循环寿命试验进行期间，每三周对电池进行一次全充全放试验，利用安时积分法测量并记录每个电池的真实可用容量。试验过程中，针对不同单体选用不同的充放电倍率，这里关注其中三种典型充放电倍率（0.5$C$、3.5$C$ 和 6.5$C$）下的容量退化数据。对于额定容量为 1.5A·h 的电池单体，1$C$ 倍率对应的电流为 1.5A。图 5-1 为三种充放电倍率下的锂离子电池单体容量退化曲线。横坐标为循环次数，单位为千次循环；纵坐标为容量损失，即当前循环可用容量较额定容量衰减量占额定容量的百分比。

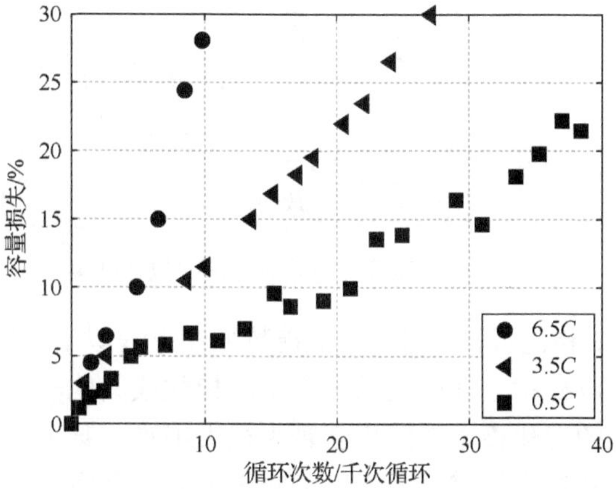


图 5-1　三种充放电倍率下的锂离子电池单体容量退化曲线

### 5.5.2　试验结果分析

由图 5-1 可以明显看出，该型号锂离子电池容量随循环次数增加呈近似线性退化趋势，且容量退化率与充放电倍率之间有较强相关性，高倍率电流下的电池容量退化更快。研究表明，上述现象与锂离子电池石墨负极的扩散应力有关。在电池循环充放电过程中，高倍率电流会产生较大的扩散应力，造成石墨负极出现更多的微裂纹。这些微裂纹会加快固体电解质界面膜（solid electrolyte interface，SEI）的生长速度，而固体电解质界面膜的生长又会消耗活性锂离子，导致一次充放电过程中往返于电池正负极的活性锂离子数量减少，从而加快电池容量退化。

基于上述分析，不同充放电倍率下的锂离子电池容量退化数据可以用考虑应力加速效应的线性漂移维纳过程进行退化建模。利用两阶段法对退化模型参数进行估计，具体结果如下。

1. 第一阶段

将三种充放电倍率下的容量退化数据代入完全对数似然函数，得到扩散系数极大似然估计值 $\hat{\sigma}=0.9693$，以及 6.5$C$、3.5$C$ 和 0.5$C$ 下的漂移系数极大似然估计值 $\hat{v}_1=2.8571$、$\hat{v}_2=1.1070$、$\hat{v}_3=0.5585$。建立漂移系数极大似然估计值与充放电倍率之间的线性加速方程，拟合结果如图 5-2 所示。

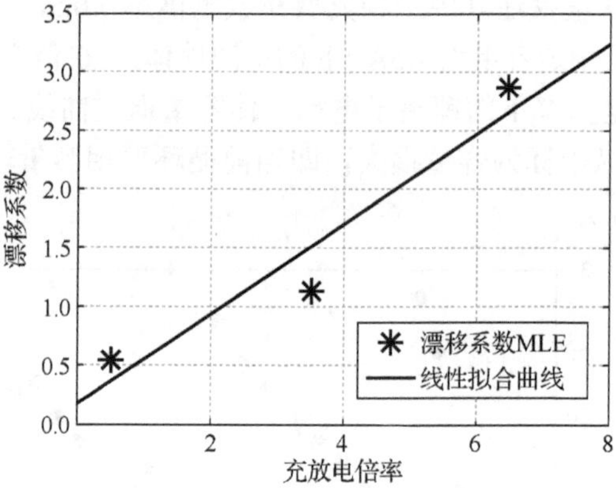


图 5-2 漂移系数与充放电倍率拟合结果

值得注意的是，相比线性加速方程，指数加速方程似乎可以更好地描述图 5-2 中漂移系数与充放电倍率之间的关系。但是，指数或其他非线性加速方程形式较为复杂，会给后续的退化模型在线更新带来很大困难，甚至导致无法推导出随机效应参数后验分布解析表达式。事实上，对于很多产品而言，其在线工作期间应力变动范围通常较窄，因此用线性加速方程近似描述漂移系数与应力之间的关系也是可以接受的。这里，采用线性加速方程，并很容易通过线性回归方法得到加速方程系数估计值：$\hat{a}=0.1666$，$\hat{b}=0.3831$。加速方程可表示为

$$v(S)=0.1666+0.3831S \tag{5-27}$$

式中，$S$ 为充放电倍率。

此时，应力 $S$ 下的锂离子电池容量退化模型可以表述为

$$Q_{\text{loss}}(t,S)=(0.1666+0.3831S)t+0.9693B(t) \tag{5-28}$$

式中，$t$ 为循环次数，单位为千次循环。

2. 第二阶段

利用式（5-28）中的退化模型，生成三种充放电倍率下的容量退化曲线共计 500×3 条，并利用第一阶段中的方法对 500 组仿真退化数据分别进行退化模型参数估计，得到加速方程系数 $a$ 和 $b$ 估计值各 500 组。最后，利用 500 组 $a$ 和 $b$ 的估计值分别估计随机效应参数 $a$ 和 $b$ 先验分布中的超参数 $(\mu_a,\sigma_a^2,\mu_b,\sigma_b^2)'$。图 5-3 和图 5-4 分别为参数 $a$ 和 $b$ 的 500 组自助样本估计值的直方图和正态分布拟合结果。通过上述两阶段方法，即可得到基于历史退化数据的退化模型初始参数估计值，结果总结在表 5-1 中。

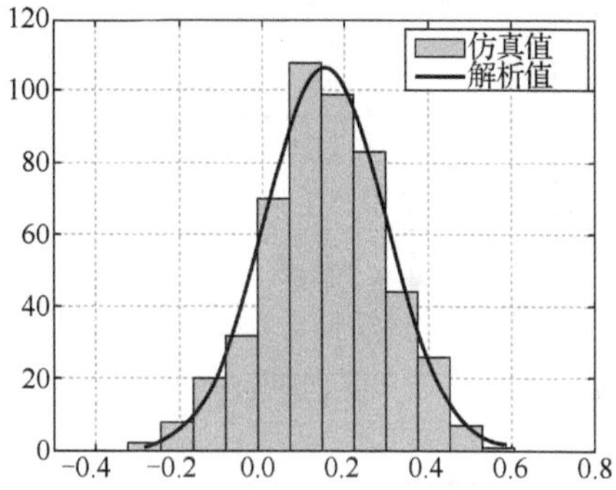


图 5-3 参数 $a$ 的先验分布

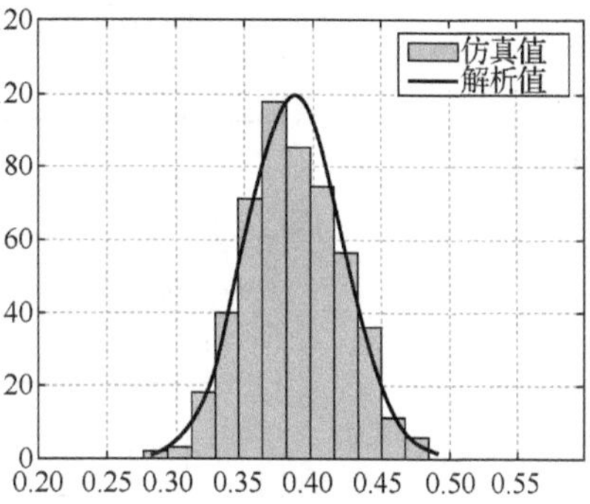


图 5-4 参数 $b$ 的先验分布

**表 5-1 锂离子电池容量退化模型初始参数估计结果**

| 充放电倍率 | $\hat{v}$ | $\hat{\sigma}$ | $\hat{\mu}_a$ | $\hat{\sigma}_a$ | $\hat{\mu}_b$ | $\hat{\sigma}_b$ |
|---|---|---|---|---|---|---|
| 6.5 | 2.8571 | 0.9693 | 0.1521 | 0.1455 | 0.3861 | 0.0348 |
| 3.5 | 1.1070 | | | | | |
| 0.5 | 0.5585 | | | | | |

### 5.5.3 仿真试验设计

上述参数估计结果可以描述该类型锂离子电池一批产品的总体容量退化特性，而本章所提方法用来预测某个体产品在时变应力下的剩余寿命，这里应力指的是锂离子电池充放电倍率。在锂离子电池循环寿命试验中，我们只得到三种常应力下的容量退化数据。为了得到时变应力下的退化数据，进而通过其验证本章所提方法的有效性，这里通过仿真试验生成时变应力下的锂离子电池容量退化轨道。仿真试验利用上述估计的模型参数，具体算法如下：

$$\begin{cases} y_0 = 0 \\ y_i = y_{i-1} + v(S_i) + \varepsilon_i, i \geqslant 1 \end{cases} \tag{5-29}$$

式中，$y_i$ 为第 $i$ 千次循环对应的容量损失；$v(S_i)$ 为第 $(i-1)$ 千次循环与第 $i$ 千次循环之间的退化增量，由式（5-28）计算得到；$S_i$ 为相邻两次仿真时刻之间的应力水平；$\varepsilon_i$ 为布朗误差，且 $\varepsilon_i \sim N(0, 0.9693^2)$。

利用上述仿真算法仿真生成四种应力剖面下的容量退化轨道，仿真时间间隔为 1000 次循环。仿真过程中用到的四种应力剖面如图 5-5 所示，取初始预测时刻为 $T_c$=15（千次循环），即 $T_c$ 时刻之前的数据只用来更新模型参数，从 $T_c$ 时刻开始每 1000 次循环开展一次剩余寿命预测，直至产品最终失效。

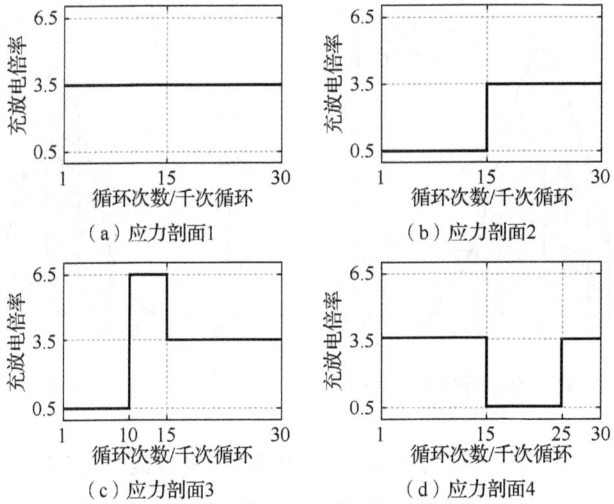

（a）应力剖面1　（b）应力剖面2
（c）应力剖面3　（d）应力剖面4

图 5-5　仿真程序中的四种应力剖面

在应力剖面 1、2、3 下，从 $T_c$ 时刻开始预测锂离子电池未来在 3.5*C* 充放电倍率的剩余寿命，其对应的是未来应力为恒定应力时的剩余寿命预测问题。在应力剖面 1 中，设置 $T_c$ 时刻之前的应力始终为 3.5*C*，此时问题等同于传统恒应力下剩余寿命预测问题，即 $T_c$ 之前产品在一种恒定应力（3.5*C*）下工作，预测的是 $T_c$ 之后产品继续在该应力（3.5*C*）下工作的剩余寿命；在应力剖面 2 中，设置 $T_c$ 时刻之前的应力始终为 0.5*C*，此时问题转化为一种较简单的时变应力下剩余寿命预测问题，即 $T_c$ 之前产品在一种恒定应力（0.5*C*）下工作，预测的是 $T_c$ 时刻之后产品在另外一种应力（3.5*C*）下工作的剩余寿命；在应力剖面 3 中，$T_c$ 时刻之前先令产品在 0.5*C* 应力下工作 10 千次循环，再在 6.5*C* 应力下工作 5 千次循环，此时问题转化为一种较为复杂的时变应力下剩余寿命预测问题，即 $T_c$ 之前产品在一种时变应力剖面下工作，预测的是 $T_c$ 时刻之后产品在某指定恒定应力（3.5*C*）下继续工作的剩余寿命。

在应力剖面 4 中，设置 $T_c$ 时刻之前的应力始终为 3.5*C*，$T_c$ 时刻之后产品先在 0.5*C* 应力下工作 10 千次循环，再在 3.5*C* 应力下继续工作直至失效。从 $T_c$ 时刻开始预测锂离子电池未来在上述时变应力剖面下的剩余寿命。因此，应力剖面 4 描述的是未来时变应力剖面下的剩余寿命预测问题。

四种应力剖面下分别仿真生成的锂离子电池容量退化轨道如图 5-6 所示，图中方形代表 0.5*C* 应力下的容量退化轨道，三角形代表 3.5*C* 应力下的容量退化轨道，圆形代表 6.5*C* 应力下的容量退化轨道，竖直虚线代表仿真过程中应力发生改变的时刻。从图 5-6 中可以很明显地发现，电池容量退化速率与应力之间具有明显的相关性，高应力会加速容量退化。因此，在预测剩余寿命时需要考虑应力对退化过程的影响。这里将容量损失等于 30%作为失效阈值，即锂离子电池容量衰减到额定容量的 70%时判定为电池失效。根据上述失效判据，四种应力剖面下的锂离子电池真实循环寿命分别为 25 千次循环、31 千次循环、22 千次循环和 30 千次循环。

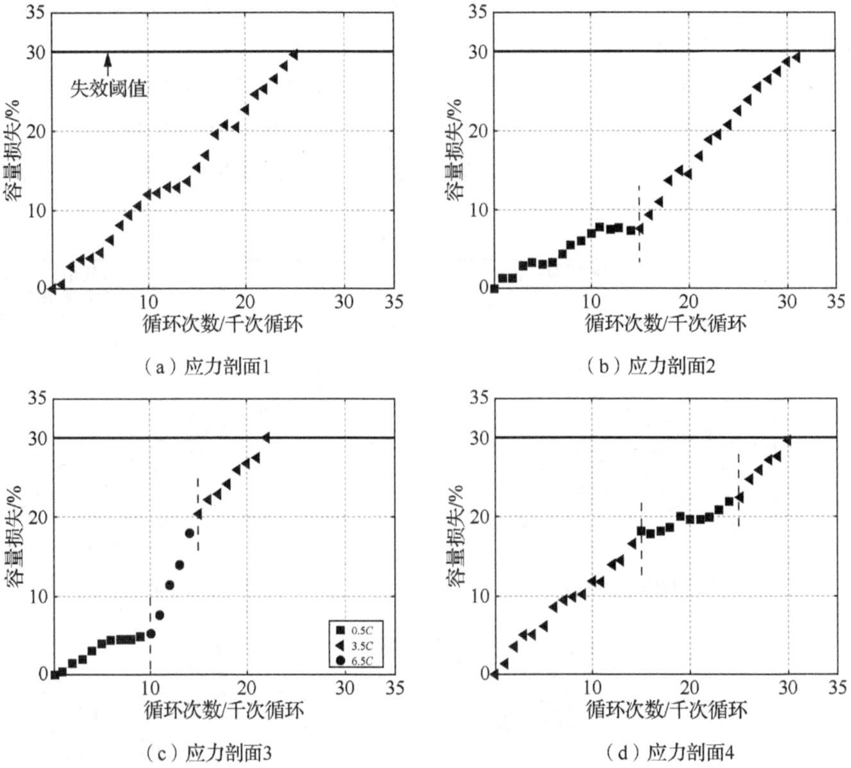


图 5-6 不同应力锂离子电池容量退化仿真结果

### 5.5.4 剩余寿命预测

本小节对本章提出的剩余寿命预测方法的预测结果展开分析。对于四种应力剖面下的容量退化轨道，均选择从第 15 千次循环时刻开始进行剩余寿命预测。每观测到下一个时刻的退化量和应力值，就利用贝叶斯公式更新一次退化模型中的随机效应参数，以调整模型，使之更适合描述当前时刻电池容量的真实退化规律。在应力剖面 1、2、3 中，由于 15 千次循环之后的应力为恒定值 3.5$C$，因此剩余寿命概率密度函数可以由式（5-16）给出解析表达式；在应力剖面 4 中，由于 15 千次循环之后的应力为非恒定值，因此无法给出剩余寿命概率密度函数解析表达式，但可以利用 5.3.2 小节中的仿真方法给出剩余寿命近似分布。

图 5-7（a）、图 5-8（a）和图 5-9（a）为应力剖面 1、2、3 下电池剩余寿命概

率密度曲线随循环次数的变化，同时图中还给出了每个观测时刻的剩余寿命真实值（方形标志）和预测期望值（圆形标志）。从图 5-7（a）、图 5-8（a）和图 5-9（a）中可以看出，在每一个预测时刻，剩余寿命概率密度曲线均能够较好地覆盖剩余寿命真实值，且剩余寿命预测期望值与真实值非常接近。上述结果表明，在未来应力剖面为恒定应力情形下，无论预测起始时刻前后应力水平是否相同，均能得到较精确的剩余寿命预测结果。

在视情维修等实际应用中，工程人员还会关注剩余寿命的中位值和置信区间，根据式（5-17），很容易得到上述特征指标。图 5-7（b）、图 5-8（b）和图 5-9（b）给出了应力剖面 1、2、3 下不同预测时刻的剩余寿命期望值、中位值和 80%置信区间。

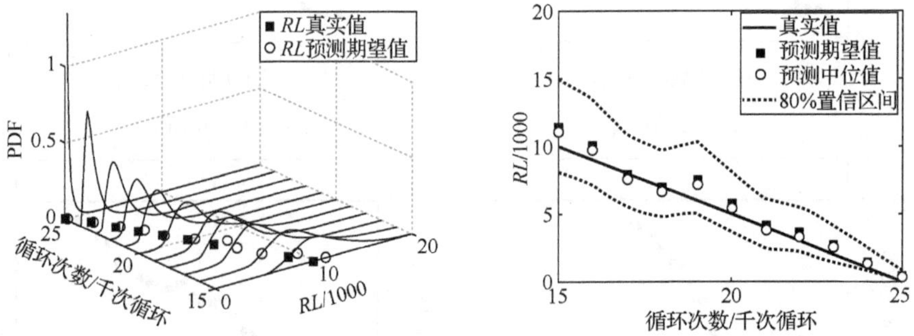


（a）概率密度曲线　　（b）剩余寿命特征值

图 5-7　应力剖面 1 下剩余寿命预测结果

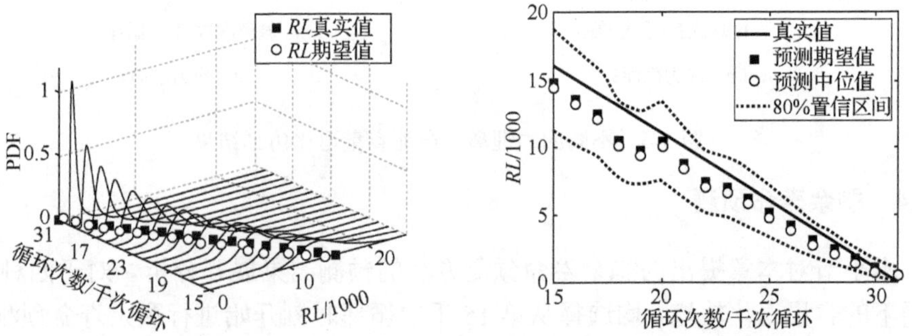


（a）概率密度曲线　　（b）剩余寿命特征值

图 5-8　应力剖面 2 下剩余寿命预测结果

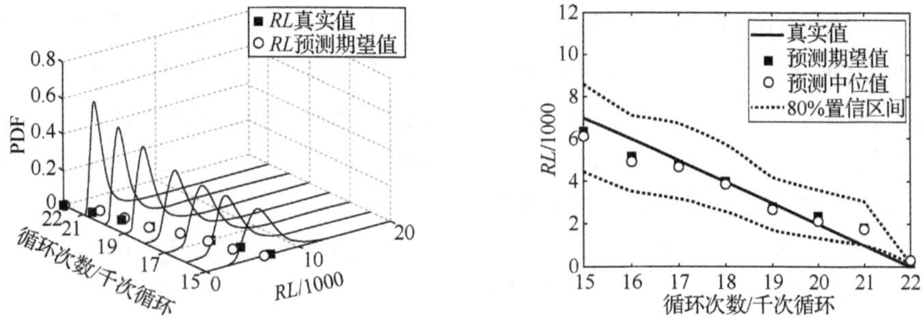


（a）概率密度曲线　（b）剩余寿命特征值

图 5-9　应力剖面 3 下剩余寿命预测结果

对于应力剖面 4，由于在未来预测阶段应力为非恒定值，无法得到其概率密度函数和累积分布函数的解析表达式，因此采用 5.3.2 小节中的仿真方法对其开展剩余寿命预测，相应的预测结果如图 5-10 所示。$T_c$ 时刻之后四个预测时刻点的剩余寿命分布直方图如图 5-11 所示。

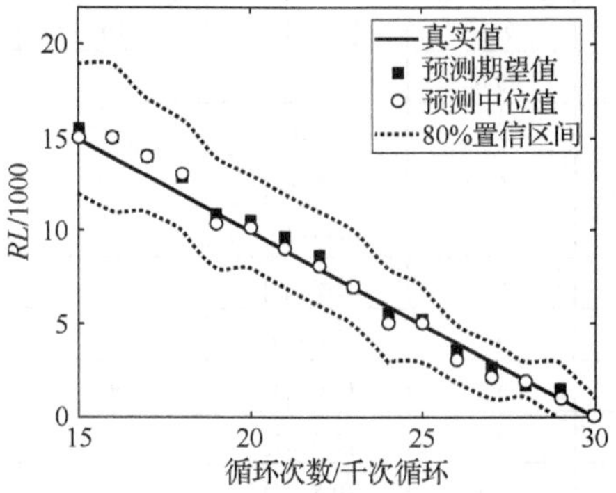


图 5-10　应力剖面 4 下剩余寿命预测结果

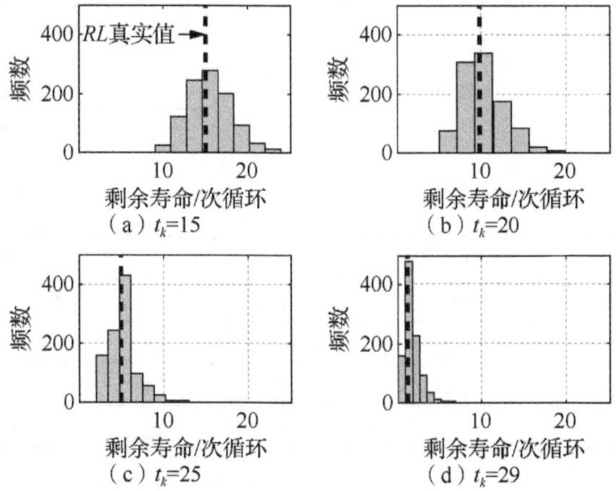


（a）$t_k$=15　（b）$t_k$=20

（c）$t_k$=25　（d）$t_k$=29

图 5-11　应力剖面 4 下基于仿真得到的剩余寿命分布直方图

从上述预测结果可以较明显地看出，无论未来预测阶段的应力剖面是恒定的还是时变的，剩余寿命预测结果都具有较高精度。同时，从图 5-11 中还可以发现，在每个预测时刻点，所预测的剩余寿命期望值普遍要比中位值略大一些。造成上述现象的原因可能是所得到的剩余寿命分布概率密度曲线形状是倾斜（或非对称）的。即便如此，无论是剩余寿命期望值还是中位值都是非常精确的预测结果。在维修决策中，人们称剩余寿命预测值小于真实值为早预测（early prediction），而剩余寿命预测值大于真实值为过预测（late prediction）。显然，过预测作为一种相对乐观的预测结果，会因高估产品剩余寿命而带来一些不必要的损失，这在工程中应该尽量避免。所以，在维修决策时推荐用偏保守的剩余寿命中位值作为剩余寿命预测结果。四种应力剖面下锂离子电池剩余寿命预测结果总结在表 5-2 中。

**表 5-2　四种应力剖面下锂离子电池剩余寿命预测结果**

| 循环次数/千次循环 | 应力剖面 1 | | | 应力剖面 2 | | |
|---|---|---|---|---|---|---|
| | 真实 *RL* | 预测中位值 | 80%置信区间 | 真实 *RL* | 预测中位值 | 80%置信区间 |
| 15 | 10 | 10.8 | [8.0,14.9] | 16 | 14.35 | [11.3,18.7] |
| 16 | 9 | 9.6 | [7.0,13.4] | 15 | 13.13 | [10.2,17.2] |
| 17 | 8 | 7.4 | [5.3,10.7] | 14 | 12.07 | [9.4,15.9] |
| 18 | 7 | 6.5 | [4.6,9.6] | 13 | 10.08 | [7.7,13.4] |
| 19 | 6 | 7.0 | [4.9,10.2] | 12 | 9.37 | [7.1,12.6] |
| 20 | 5 | 5.2 | [3.5,7.9] | 11 | 9.99 | [7.6,13.4] |
| 21 | 4 | 3.7 | [2.4,6.0] | 10 | 8.36 | [6.2,11.4] |
| 22 | 3 | 3.2 | [2.0,5.4] | 9 | 6.99 | [5.1,9.7] |
| 23 | 2 | 2.3 | [1.3,4.1] | 8 | 6.64 | [4.8,9.3] |
| 24 | 1 | 1.1 | [0.5,2.4] | 7 | 5.84 | [4.2,8.4] |
| 25 | 失效 | | | 6 | 4.75 | [3.3,7.0] |
| 26 | | | | 5 | 3.85 | [2.6,5.9] |
| 27 | | | | 4 | 2.80 | [1.8,4.5] |
| 28 | | | | 3 | 2.15 | [1.3,3.7] |
| 29 | | | | 2 | 1.46 | [0.8,2.8] |
| 30 | | | | 1 | 0.70 | [0.1,1.1] |
| 31 | | | | 失效 | | |

| 循环次数/千次循环 | 应力剖面 3 | | | 应力剖面 4 | | |
|---|---|---|---|---|---|---|
| | 真实 *RL* | 预测中位值 | 80%置信区间 | 真实 *RL* | 预测中位值 | 80%置信区间 |
| 15 | 7 | 6.02 | [4.4,8.5] | 15 | 15 | [12,19] |
| 16 | 6 | 4.84 | [3.4,7.0] | 14 | 15 | [12,19] |
| 17 | 5 | 4.45 | [3.1,6.6] | 13 | 14 | [11,17] |

续表

| 循环次数/千次循环 | 应力剖面 3 | | | 应力剖面 4 | | |
|---|---|---|---|---|---|---|
| | 真实 $RL$ | 预测中位值 | 80%置信区间 | 真实 $RL$ | 预测中位值 | 80%置信区间 |
| 18 | 4 | 3.69 | [2.5,5.6] | 12 | 13 | [10,16] |
| 19 | 3 | 2.50 | [1.6,4.1] | 11 | 10 | [8,14] |
| 20 | 2 | 2.02 | [1.2,3.5] | 10 | 10 | [8,13] |
| 21 | 1 | 1.55 | [0.9,2.9] | 9 | 9 | [7,13] |
| 22 | 失效 | | | 8 | 8 | [6,11] |
| 23 | | | | 7 | 7 | [5,10] |
| 24 | | | | 6 | 5 | [3,8] |
| 25 | | | | 5 | 5 | [3,7] |
| 26 | | | | 4 | 3 | [2,5] |
| 27 | | | | 3 | 2 | [1,4] |
| 28 | | | | 2 | 2 | [1,3] |
| 29 | | | | 1 | 1 | [0,3] |
| 30 | | | | 失效 | | |

为了进一步证明本章所提出的时变应力下剩余寿命预测方法的优越性，这里将上述预测结果与传统剩余寿命预测方法预测的结果进行对比分析。传统方法也采用线性漂移维纳过程对产品性能退化过程进行建模，但模型中没有考虑应力对退化率的影响。为了便于比较两种方法的预测精度，这里定义 $t_k$ 时刻的剩余寿命相对预测误差 $RE_k$ 如下：

$$RE_k = \frac{\left|L - t_k - RL_k\right|}{L} \times 100\%$$

式中，$L$ 为真实寿命；$RL_k$ 为 $t_k$ 时刻剩余寿命预测中位值；$L - t_k$ 为 $t_k$ 时刻剩余寿命真实值。

图 5-12 对比了本章方法和传统忽略应力加速效应方法[8]得到的剩余寿命预测结果（中位值），图 5-13 则对比了两种方法的预测误差。结果表明，本章所提出的剩余寿命预测方法由于考虑了应力加速效应对产品退化过程的影响，因此其预测精度要大大高于传统不考虑应力加速效应的方法。值得注意的是，虽然本章中退化模型漂移系数与应力之间存在非线性加速关系，但利用线性加速方程得出的剩余寿命预测结果仍然具有很高的精度（大部分预测时刻点相对预测误差在 5%之内）。这也从侧面证明，当应力波动范围不太大时，在剩余寿命预测时利用线性加速方程近似描述应力与退化率之间的加速关系是合理的。

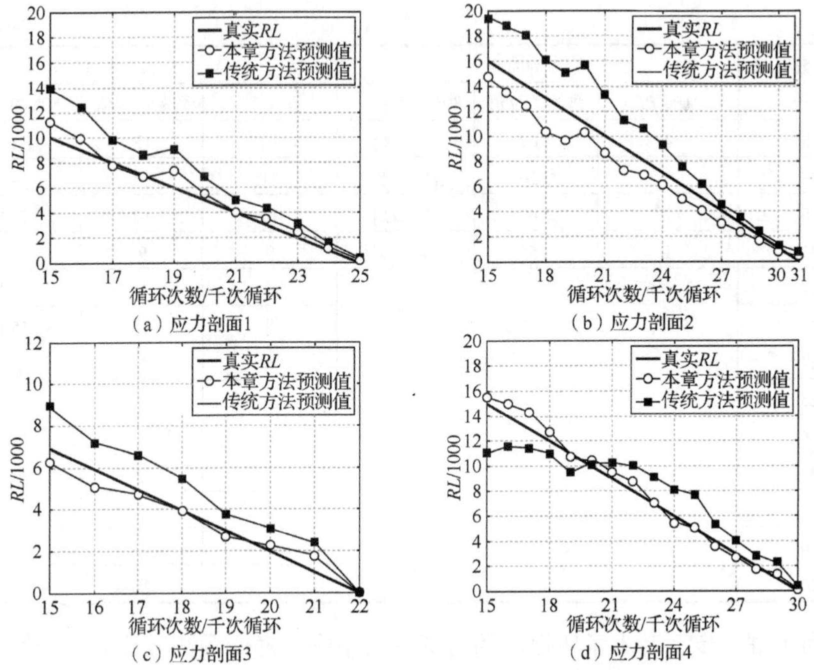


（a）应力剖面1　（b）应力剖面2

（c）应力剖面3　（d）应力剖面4

图 5-12　本章方法与传统方法剩余寿命预测结果对比

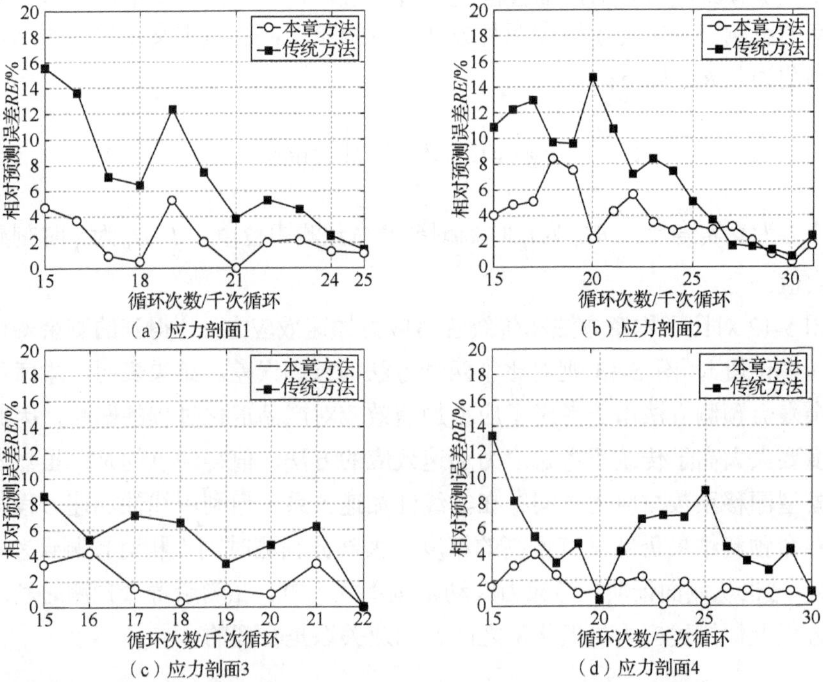


（a）应力剖面1　（b）应力剖面2

（c）应力剖面3　（d）应力剖面4

图 5-13　本章方法与传统方法剩余寿命预测误差对比

# 5.6　案例分析 2：温度-电流双应力下锂离子电池剩余寿命预测

本节在电流加速的基础上，进一步考虑温度和电流应力加速下的锂离子电池循环寿命试验，以验证多应力加速下劣化系统剩余寿命预测方法的有效性。

## 5.6.1　试验方法

1. 样本类型

商用 18650 圆柱形锂离子电池（型号：UR18650W），正极材料 LiMn1/3Ni1/3Co1/3+$LiMn_2O_4$，负极材料石墨，额定容量 1.5A · h，电池放电截止电压 2.5V，充电截止电压 4.2V。该电池属于高能量密度二次电池，可用于电动车、机器人等产品。

2. 试验过程

试验中采取三种温度（22℃、34℃、46℃）和三种放电倍率（0.5*C*、3.5*C*、6.5*C*），共组合成九种不同应力水平，如表 5-3 所示。其中，1*C* 放电倍率对应的放电电流为 1.5A。

**表 5-3　试验应力组合**

| | | |
|---|---|---|
| 0.5*C*, 22℃ | 0.5*C*, 34℃ | 0.5*C*, 46℃ |
| 3.5*C*, 22℃ | 3.5*C*, 34℃ | 3.5*C*, 46℃ |
| 6.5*C*, 22℃ | 6.5*C*, 34℃ | 6.5*C*, 46℃ |

在每种应力水平下分别取一个电池样本开展循环寿命测试。一次循环具体过程如下：

**Step 1**　恒流充电至电池端电压升至 4.2V；

**Step 2**　4.2V 下恒压充电至电流降至 0.075A 或恒压充电时间达到 2 天；

**Step 3**　在相应放电倍率下恒流放电至放电深度达到 50%（放出 0.75A · h 电量）；

**Step 4**　重复上述过程。

注意：在 Step 1 中，对于 0.5*C* 放电倍率电池，恒流充电电流设为 0.5*C*；对于 3.5*C* 和 6.5*C* 放电倍率电池，恒流充电电流设为 2*C*。在上述循环寿命测试中，每三次对电池在常温下进行一次全充全放测试，以标定出电池此时的真实可用容量。

### 5.6.2　试验结果分析

1. 同一放电倍率下不同温度对容量退化的影响

图 5-14～图 5-16 给出了各放电倍率下，不同温度对电池容量退化的影响。图 5-14～图 5-16 中，横坐标为循环次数；纵坐标为容量退化百分比，即容量衰减量与初始容量之比。从图 5-14～图 5-16 中可以明显看出：①在各应力组合下，电池容量都随循环次数增加不断退化；②在同一放电倍率下，高温会显著加速电池容量的退化速率；③随着放电倍率的增大，不同温度下电池容量退化曲线的差异性不断减小。

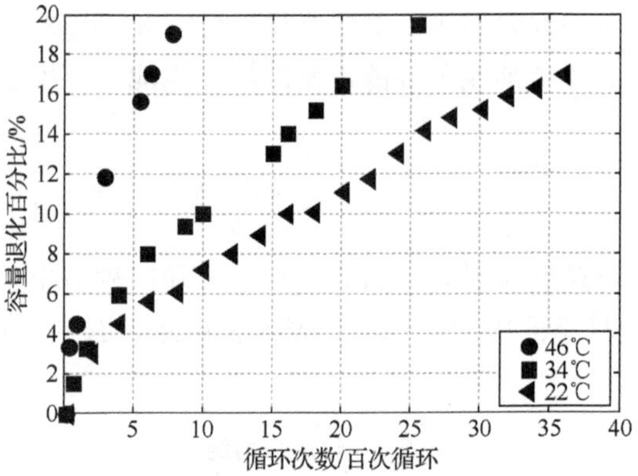


图 5-14　0.5$C$ 放电倍率下电池容量退化曲线

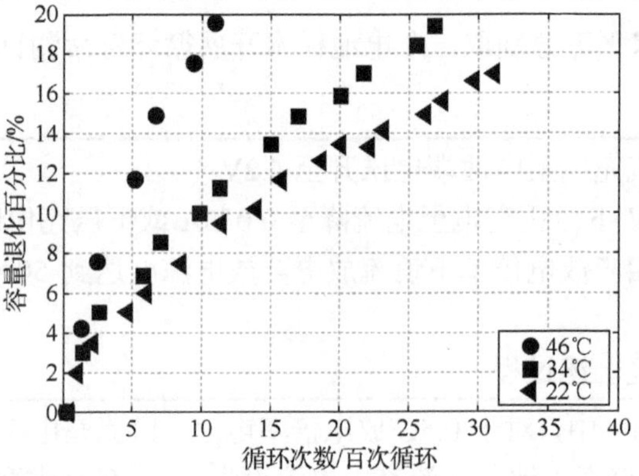


图 5-15　3.5$C$ 放电倍率下电池容量退化曲线

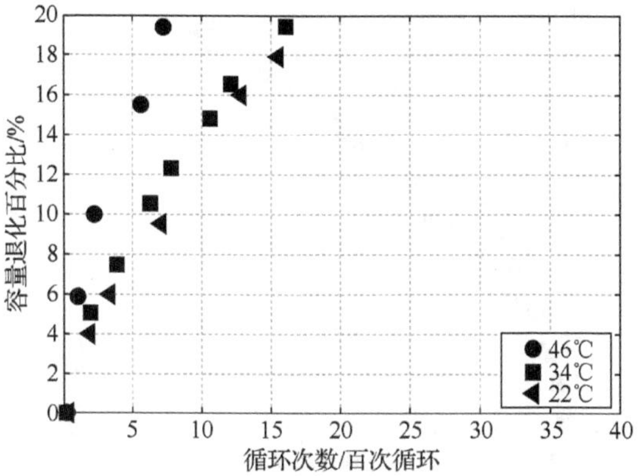


图 5-16 6.5*C* 放电倍率下电池容量退化曲线

2. 同一温度下不同放电倍率对容量退化的影响

图5-17～图5-19给出了各温度应力下，不同放电倍率对电池容量退化的影响。从图 5-17～图 5-19 中可以明显看出：①在各应力组合下，电池容量都随循环次数增加不断退化；②在同一温度下，提高放电倍率有加快电池容量退化的趋势；③在高温下（46℃），电池在各放电倍率下退化都非常快，彼此之间差异较小。

图 5-20 给出了所有应力下的全部电池样本容量退化曲线。从图 5-20 中可以进一步确定，高温、大放电倍率下，锂离子电池容量退化更快，因此可以认为温度、电流是加速锂离子电池退化和缩短其循环寿命的两种加速应力。

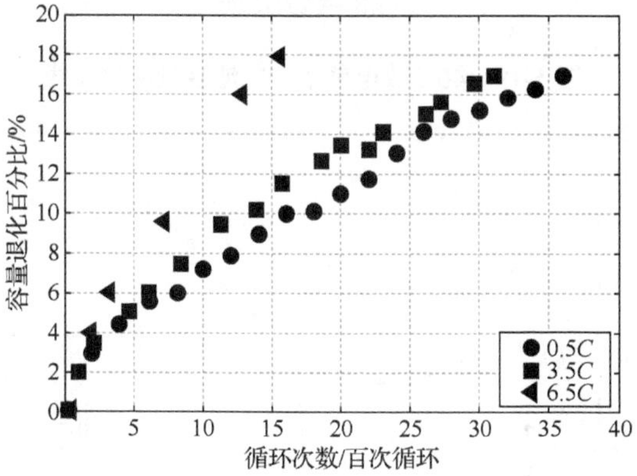


图 5-17 22℃放电倍率下电池容量退化曲线

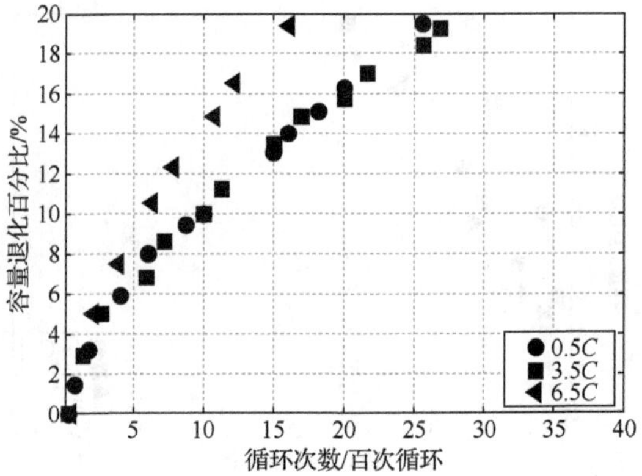


图 5-18　34℃放电倍率下电池容量退化曲线

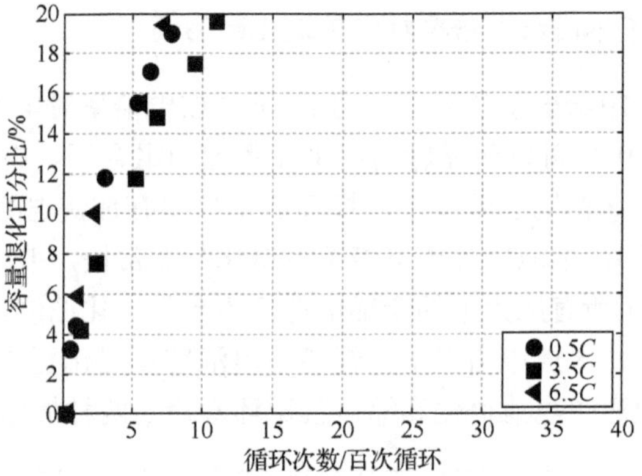


图 5-19　46℃放电倍率下电池容量退化曲线

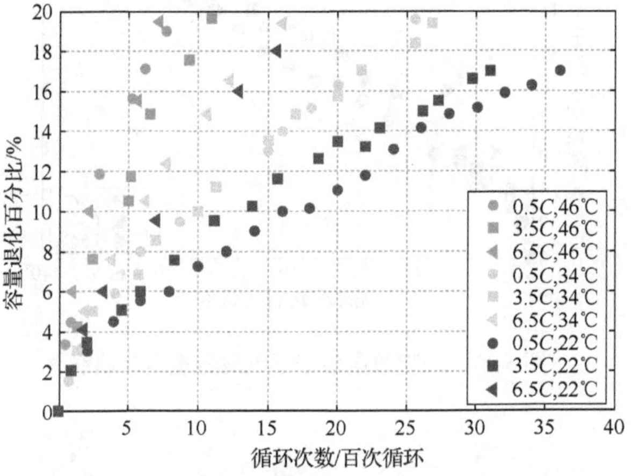


图 5-20　不同温度-放电倍率组合下锂离子电池容量退化曲线

### 5.6.3　剩余寿命预测

退化建模和可靠性评估都是为了对产品总体的寿命特征做出描述。但是，即使对于同一类、同一批次产品，其不同个体之间或多或少也是存在差异的。这种差异性来源于产品内部和外界环境中的各种随机因素，如生产制造中机器带来的误差，材料、元器件自身存在的差异，工人安装加工过程中引入的人为误差，外界环境变化带来的随机冲击等等。上述随机因素导致产品个体真实退化轨迹之间存在差异性，即使其所处的环境、经受的应力完全相同。剩余寿命是指工作过程中的某个体产品从当前时刻到其最终失效所经历的时间（此处为广义时间，可以是距离、循环、周期等），追根溯源，研究的是产品个体的寿命特征。因此，在开展剩余寿命预测时，就必须考虑到产品个体之间的差异性，通常这种差异性可以通过给退化模型引入随机效应参数来进行描述。

设 $\mu_{T,C}$ 为锂离子电池退化轨迹模型中漂移系数在应力 $(T,C)$ 下的实际测量值，则有

$$\mu_{T,C}=\mu_0(T,C)+\varepsilon \tag{5-30}$$

$$\begin{aligned}\mu(T,C)&=\exp\left\{15.33-1.07C+\frac{345.41C}{T+273.15}-\frac{4422.9}{T+273.15}\ln L\right\}\\&=\sum_{j=1}^{P}\sum_{i=1}^{M_P}\log\left\{\frac{1}{\sqrt{2\pi\sigma^2\Delta\tau_{i,j}}}\exp\left[-\frac{(\Delta x_{i,j}-\mu_j\Delta\tau_{i,j})^2}{2\sigma^2\Delta\tau_{i,j}}\right]\right\}\end{aligned} \tag{5-31}$$

式中，$\mu_0(T,C)$ 可以看作 $\mu_{T,C}$ 的期望，即 $E(\mu_{T,C})$，由式（5-30）给出；$\varepsilon\sim N(0,\sigma_0^2)$ 为随机误差，$\mu_{T,C}$ 可由最大化式（5-31）近似给出。

给定试验中不同应力组合下的 $\mu_{T,C}$ 和 $\mu_0(T,C)$ 值，可由极大似然估计法得到 $\sigma_0$ 的估计值，结果为 $\hat{\sigma}_0=0.5070$。表 5-4 为不同应力组合下漂移系数估计值 $\hat{\mu}$。

**表 5-4　不同应力组合下漂移系数估计值 $\hat{\mu}$**

| 放电倍率 | $\hat{\mu}$ | | |
|---|---|---|---|
| | 22℃ | 34℃ | 46℃ |
| 0.5$C$ | 1.69 | 2.42 | 5.06 |
| 3.5$C$ | 1.86 | 2.32 | 4.19 |
| 6.5$C$ | 3.08 | 3.26 | 5.44 |

根据分析结果，仅需对漂移系数 $\mu$ 进行在线更新。这里假设参数 $\mu$ 先验分布为正态分布，即

$$\pi(\mu_{T,C})\sim N[\mu_0(T,C),\sigma_0^2]$$

为简化，这里先忽略下标 $T$、$C$，上式简记为

$$\pi(\mu)\sim N(\mu_0,\sigma_0^2)$$

当锂离子电池经历过 $k$ 次循环充放电时，记录其前 $k$ 次循环中的实际容量为 $x_1, x_2, \cdots, x_k$ ，记为 $x_{1:k}$ 。根据维纳过程性质，有

$$\Delta x_i \sim N(\mu\Delta\tau_i, \sigma^2\Delta\tau_i)\text{，}\ \Delta\tau_i = t_{i+1}^r - t_i^r$$

式中，$\Delta x_i = x_{i+1} - x_i, i = 1, 2, \cdots, k$ 。

于是，由贝叶斯公式可以得到参数 $\mu$ 的后验分布：

$$\pi(\mu \mid x_{1:k}) \propto f(x_{1:k} \mid \mu)\pi(\mu)$$

其中：

$$f(x_{1:k} \mid \mu) = \prod_{i=1}^{k} \frac{1}{\sqrt{2\pi\sigma^2\Delta\tau_i}} \exp\left[\frac{-(\Delta x_i - \mu\Delta\tau_i)^2}{2\sigma^2\Delta\tau_i}\right]$$

$$\pi(\mu) = \frac{1}{\sqrt{2\pi\sigma_0^2}} \exp\left[\frac{-(\mu - \mu_0)^2}{2\sigma_0^2}\right]$$

因此，可以推导得到参数 $\mu$ 的后验分布仍为正态分布，即

$$\pi(\mu \mid x_{1:k}) \sim N(\mu_k, \sigma_k^2)$$

其中：

$$\begin{cases} \mu_k = \dfrac{\sigma_0^2 \sum\limits_{i=1}^{k} \Delta x_i + \mu_0\sigma^2}{\sigma^2 + \sigma_0^2 \sum\limits_{i=1}^{k} \Delta\tau_i} \\ \sigma_k = \dfrac{\sigma_0^2\sigma^2}{\sigma^2 + \sigma_0^2 \sum\limits_{i=1}^{k} \Delta\tau_i} \end{cases} \tag{5-32}$$

根据维纳过程性质，电池容量在 $t_k$ 之后的退化规律可以用如下随机过程描述：

$$X(t_k + t) = x_k + a\Delta\tau(t_k + t) + \sigma B[\Delta\tau(t_k + t)] \tag{5-33}$$

式中，$t$ 为 $t_k$ 后经历的时间；$\Delta\tau(t_k + t) = (t_k + t)^r - t_k^r$ 。

此时，$t_k$ 时刻产品剩余寿命定义为从 $t_k$ 时刻开始起算，$X(t_k + t)$ 到达失效阈值 $\omega$ 的首达时记为 $l$ 。此时，剩余寿命预测问题转化为首达时 $l$ 的概率密度函数估计问题，且漂移系数服从正态分布，$\pi(a \mid x_{1:k}) \sim N(\mu_k, \sigma_k^2)$ 。对该问题进行推导，可以得到 $t_k$ 时刻产品剩余寿命 $l$ 概率密度函数为

$$f_k(l) = \frac{g(l)}{\int_0^\infty g(l)\mathrm{d}l}$$

其中：

$$g(l) = \frac{\omega_k}{\Delta\tau(t_k + l)\sqrt{2\pi U_k}} \exp\left\{-\frac{\left[\omega_k - \mu_k\Delta\tau(t_k + l)\right]^2}{2U_k}\right\} r(t_k + l)^{r-1}$$

$$\Delta\tau(t_k+l)=(t_k+l)^r-t_k^r$$
$$U_k=\Delta\tau(t_k+l)(\sigma_k^2+\sigma^2)$$

得到剩余寿命 $l$ 概率密度函数后，即可通过潜在灭绝比例（potentially disappeared fraction，PDF）计算剩余寿命期望值、分位点值、置信区间等，开展剩余寿命预测。

锂离子电池试验共有九个电池样本，其中只有七个样本在试验结束时发生失效（容量退化至失效阈值），其真实失效时间如表 5-5 所示。

**表 5-5　电池真实失效时间**

| 放电倍率/$C$ | 0.5 | 3.5 | 6.5 | 0.5 | 3.5 | 6.5 | 6.5 |
|---|---|---|---|---|---|---|---|
| 温度/℃ | 46 | 46 | 46 | 34 | 34 | 34 | 22 |
| 循环寿命/100 | 8.13 | 11.39 | 7.61 | 26.13 | 28.98 | 16.60 | 16.50 |

利用上述方法对上述七个电池开展剩余寿命预测，预测从第一个容量观测点开始，至失效前的最后一个容量观测点结束，并将剩余寿命期望值预测结果与真实剩余寿命进行对比，如图 5-21 所示。结果表明，对于大部分电池样本，剩余寿命预测值与真实值较为接近，预测精度较高。即使部分电池在试验初期预测值存在一定偏差，但在贝叶斯更新算法作用下，预测结果也会在短时间内逼近真实值。这充分验证了本章所提多应力下剩余寿命预测方法的有效性。

值得注意的是，6.5$C$、22℃应力组合下电池预测精度比较差，原因在于该电池容量退化轨迹规律本身与其他电池之间就存在较大差异，这可能与该电池自身内部存在材质缺陷或制造瑕疵有关。

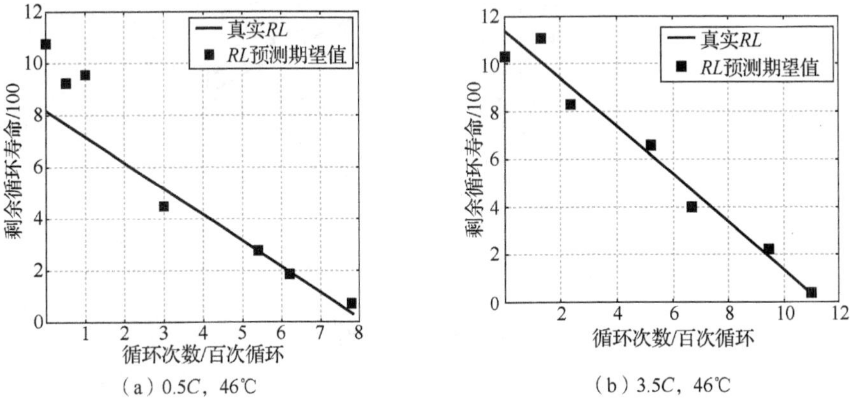


（a）0.5$C$，46℃　　（b）3.5$C$，46℃

图 5-21　双应力下锂离子电池剩余寿命预测结果

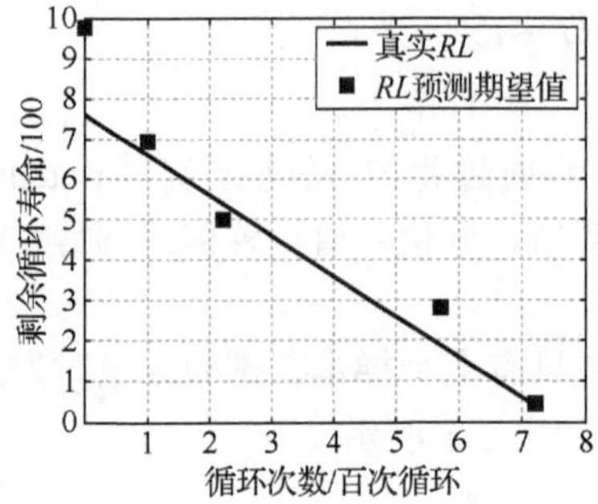


（c）6.5*C*，46℃

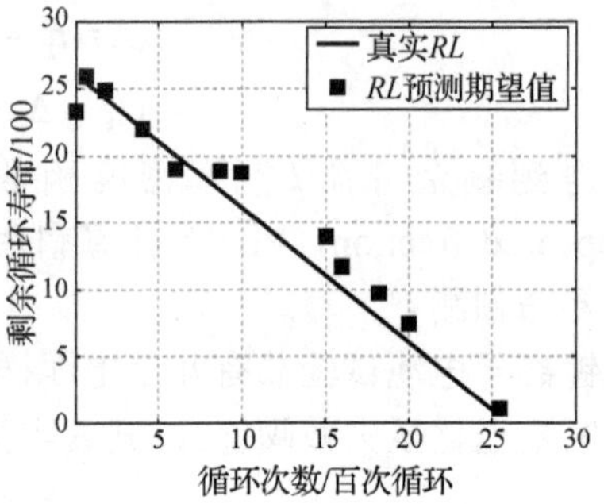


（d）0.5*C*，34℃

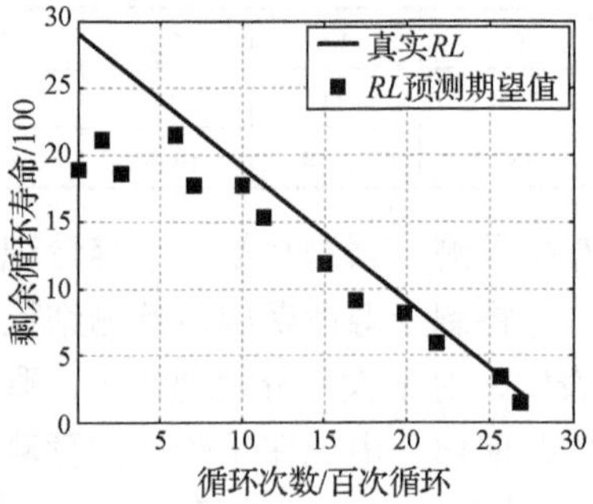


（e）3.5*C*,34℃

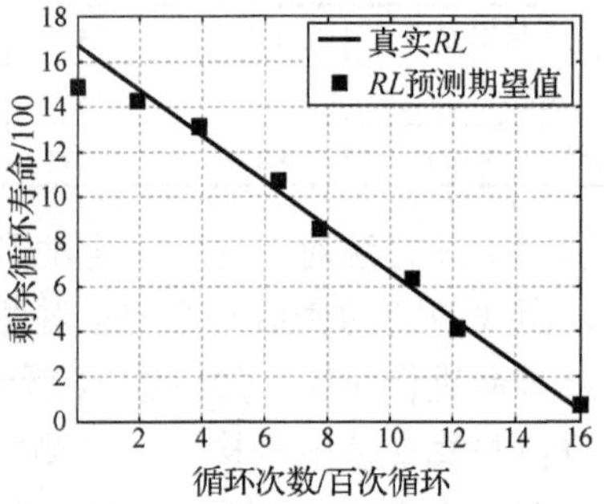


（f）6.5*C*,34℃

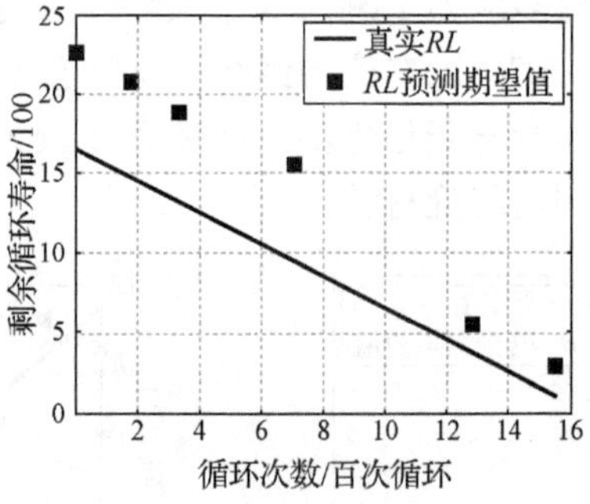


（g）6.5*C*，22℃

图 5-21（续）

# 本 章 小 结

本章提出了劣化系统在单应力及多应力加速影响下的剩余寿命预测方法，并以锂离子电池为例，分别对电流应力加速下锂离子电池剩余寿命预测及温度-电流双应力下锂离子电池剩余寿命预测两个案例展开研究。利用维纳过程建立锂离子电池容量退化模型，通过加速方程将应力与反映退化速率的模型参数（漂移系数）

建立联系，进一步在贝叶斯框架下给出了剩余寿命预测方法。通过本章的研究工作，为劣化系统在单应力及多应力环境中工作时的剩余寿命预测问题提供了较好的解决思路，较传统忽略应力影响的剩余寿命预测方法进一步提高了预测精度，具有重要理论意义和实际应用价值。

## 参 考 文 献

[1] MEEKER W Q, ESCOBAR L A. Statistical methods for reliability data[M]. New York: Wiley, 1998.

[2] BOYKO K C, GERLACH D L. Time dependent dielectric breakdown of 210 A oxides [C]. 27th Annual International Reliability Physics Symposium, 1989: 1-8.

[3] KLINGER D J. On the notion of activation energy in reliability: Arrhenius, eyring and thermodynamics[C]. In Annual Reliability and Maintainability Symposium, 1991: 295-300.

[4] PARK C, PADGETT W J. Stochastic degradation models with several accelerating variables[J]. IEEE Transactions on Reliability, 2006(55): 379-390.

[5] KLINGER D J. Humidity acceleration factor for plastic packaged electronic devices[J]. Quality and Reliability Engineering International, 1991(7): 365-370.

[6] MEEKER W Q, Escobar L A, Lu C J. Accelerated degradation tests: Modeling and analysis [J]. Technometrics, 1998, 40 (2): 89-99.

[7] SI X S, WANG W B, MAO Y C, et al. A degradation path-dependent approach for remaining useful life estimation with an exact and closed-form solution [J]. European Journal of Operational Research, 2013, 226(1): 53-66.

[8] GEBRAEEL N, LAWLEY M, LI R, et al. Residual-life distributions from component degradation signals: A bayesian approach [J]. IIE Transactions, 2005 (37): 543-557.

